国家开放大学
THE OPEN UNIVERSITY OF CHINA

材料与施工技术

（第二版）

李朝阳　主编

U0209233

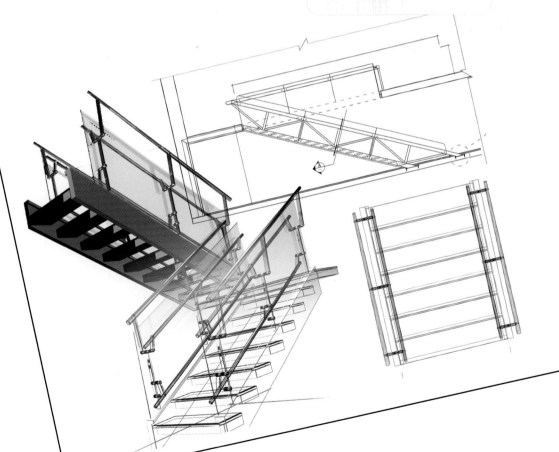

中央广播电视大学出版社
北　京

图书在版编目（CIP）数据

材料与施工技术/李朝阳主编. —2版. —北京：
中央广播电视大学出版社，2017.8
ISBN 978-7-304-08756-2

Ⅰ. ①材⋯ Ⅱ. ①李⋯ Ⅲ. ①建筑材料－装饰材料
②建筑装饰－工程施工 Ⅳ. ①TU56②TU767

中国版本图书馆CIP数据核字(2017)第173460号

材料与施工技术（第二版）

CAILIAO YU SHIGONG JISHU

李朝阳　主编

出版・发行：中央广播电视大学出版社

电话：营销中心 010-66490011 　　总编室 010-68182524

网址：http://www.crtvup.com.cn

地址：北京市海淀区西四环中路45号 　　**邮编：**100039

经销：新华书店北京发行所

策划编辑：安　薇 　　　　　**版式设计：**昌兴重信・王颖

责任编辑：李京妹 　　　　　**责任校对：**赵　洋

责任印制：赵连生

印刷：北京市大天乐投资管理有限公司 　**印数：**0001～1000

版本：2017年8月第2版 　　　　2017年8月第1次印刷

开本：190mm×245mm 　　　　**印张：**15.25 　**字数：**278千字

书号：ISBN 978-7-304-08756-2

定价：58.00元

课程说明

    室内设计是21世纪最具增值前景的朝阳专业之一。伴随着中国经济的持续发展，城市化进程的加快，住宅业的兴旺，国内外市场的进一步开放，室内设计专业将会吸引越来越多人的眼球。正是为了顺应人们追求美、创造美、表现美的时代要求，适应经济发展对相关人才的需要，国家开放大学组织编写了本套教材。

    本套教材在策划之初得到了清华大学美术学院环境艺术系的大力支持与帮助。课程组本着高标准、实用性的原则，邀请了国内一流的室内设计相关学科专家、学者、教授参与编写。他们将自己在教学与实践应用领域的最新研究成果付诸笔端，呈现给我们集个性与共性、传统性与现代性、民族性与世界性于一体的美的创造。

    配合文字教材，我们还编制了音像教材和CAI课件，为学习者提供多种学习途径。

    本套教材得到了人力资源和社会保障部的支持，谨向他们表示衷心的感谢。

室内设计专业课程组

前　言

本书是 2011 年 6 月第一版的修订版。

室内设计是一个集建筑风格、结构形式、材料的品种与性能、先进的设备和施工技术、人们的环境意识、美学心理、生理特征等多种因素于一体的综合性专业。其中，材料是室内设计与装修工程的物质基础和载体；而施工技术是以室内设计成果为目标导向，运用装修材料、施工工艺、机械设备、项目管理等介质，针对建筑内部空间有组织地进行功能设立和表面封装的系统化实施过程，是对室内设计创意进行具体落实的合理的实施手段，是满足更高标准的使用需求、塑造空间形象的重要环节。室内空间整体的效果、功能的实现、细部的落实均是通过运用先进、合理的施工技术、材料搭配及相关质感、色彩、图案、功能等所体现出来的。经过三十余年改革开放，经济得到快速发展，人们的物质与文化水平日益提高，室内设计与我们的生活愈加密切，发展势头迅猛、成绩显著，但问题也不少，不难发现仍存在诸多问题需要我们反思和剖析。无论室内行业职场的市场派，还是专业教育的学院派，一些人对材料的认识与应用还存在诸多误区：要么好大喜功，追求豪华气派，缺失人文气息；要么卖弄技巧、迎合时尚，漠视设计逻辑。这些现象均值得我们警醒。

本书从设计师的角度，向学生介绍了常用材料的特性以及材料与施工技术的关系，阐述了基本的构造方法（包括细部处理、收口方法及材料组合搭配）和原理，力图使学生系统地认识和理解。然而，材料的种类和施工技术是纷繁多样的，限于篇幅，无法仅仅通过文字和一些图示面面俱到。这里只能选取重点来说明，既要拓展视野，阐述一些规律性、普遍性的知识，也要强化知识点，使学生从中学会举一反三。

本书系统地介绍了材料、构造与施工技术的基础知识、基本原理以及一些相关知识等，这些内容是室内设计专业的重要组成部分，学生对这些知识的需要和掌握无疑是刚性的，这些知识对室内设计的系统理解和全面掌握能够起到不可替代的作用。但要想全面了解和把握材料与施工技术的基本原理和规律，仅仅依赖对书本的学习是远远不够的，需要不断加强作业练习等，才能巩固所学知识；同时，还需要在设计实践中实地观察和感受，才能全面提升自身的综合素质和设计能力。

"材料与施工技术"课程教学计划如下：

（1）授课内容

① 装修材料的类型、特性。

② 施工技术的功能、类型。

③ 材料的组合搭配方法。

④ 装修构造的基本规律。

⑤ 材料与构造对室内设计思维方法及空间效果的影响。

（2）教学要求

将课堂讲授与市场调研、现场施工相结合，要求学生基本掌握材料的主要类型、特性；了解材料选择的基本方法和环保要求；熟悉构造的基本规律和施工技术的主要做法。希望学生利用课余时间多用心观察材料的使用方法、搭配规律，发现其利弊，并能结合细部构造设计的绘制和材料市场调研报告的写作练习，巩固所学知识。

针对本课程的特点，学生在学习方法方面也需要给予重视。学习方法可总结为以下"四多"：

① "多看"是专业特点所要求的基本学习素养。一是多看教材、资料、文献和专业网站；二是多看现场设计实景作品，包括已完成的优秀作品及正在装修施工、未完工的半成品。需要强调的是，多去建材市场、多看装修材料也是必需的。有不少人，特别是初学者，除了在装修自己家的房子时可能涉足过建材市场外，平时则很少关注。那种只闻材料其名不见其物，或者只见其物不知其名的情况不应该在设计师身上出现。

② "多记"是要求我们对材料和构造强化记忆。虽说熟能生巧，但如果连记都记不住，何谈"熟"？更何谈"巧"？当然，"记"不是仅指文字方面，搜集与专业相关的图片也可作为另一种"记"。尤其现在智能化手机普及，其具有实用性和便捷性，会随时将我们认为的知识营养摄取过来。

③ "多问"是专业学习阶段不可忽视的一个环节。无论感性知识还是理性知识，我们在学习时总会遇到不解的问题，这时"多问"就会成为解决问题的捷径。那么问谁呢？问老师是一方面；另一方面，在互联网日益发达的今天，通过网络查询也不失为"问"的一种有效方法。

④ "多画"则是对前述"三多"掌握后的最终检验，更是一个学习者或设计师必须培养的基本技能和素养，是设计师水平的"终端"体现。有不少初学者在学习本课程时，对前"三多"基本能较好地理解和掌握，却迟迟不愿动手"画"。他们主要是不自信，心里没数，怕画不准确。实际上，只有多画，才能充分地暴露自身存在的不足和问题；画得越多，问题可能暴露得就越彻底，解决得才越多、越快，如此，方能有较大进步。

学习本课程并不一定，也不太可能完全熟悉各种材料的化学成分和生产工艺，就像吃鸡蛋，可能不必关心这是哪只母鸡下的蛋。学习的重点是要懂得运用材料和施工技术来实现设计者的设计意图，并通过图纸将这种意图严谨、规范、准确、形象地表达出来。这也是本课程的主要学习目标。

本书绝非材料与施工技术手册或工具书，学生不可能仅仅通过看完本书或课程学习就能完全地掌握材料与施工技术知识。由于"材料与施工技术"属于室内设计专业一门实践性、综合性较强的课程，即使学生机械地记住了某些单体材料，甚至所谓新型材料的基本特性，若没有设计理念作为支撑，也是不可能做好设计的。事实上，一个优秀的设计师不仅在于他掌握了多少材料，更在于他能较好地运用和组织材料，并在材料与形式的协调性、材料与施工技术的协作性，以及材料的运用、组合搭配、合理的构造形式、先进的施工技术等方面把握规律、寻求突破，以使设计创意得以充分的体现。

本书力图从不同视角、不同层面，阐释常用材料的物理特性及审美属性，剖析材料设计的基本概念、组合搭配和构造规律；力图从宏观视野提高对材料应用的创新意识，梳理材料发展的设计思路，构建材料未来的发展框架。可见，作为室内设计专业的重要组成部分，对材料知识的掌握、对施工技术的了解无疑是刚性的，会对室内设计的宏观认识、系统理解和全面掌控起到不可替代的重要作用。

本书对课程的知识结构重新进行了调整和完善，并充实了一些新型材料和优秀案例，力争做到既有理论上的系统性和指导性，也有实践方面的经验总结；既有技术层面的知识介绍，也结合设计理念进行解读；既通过文字方面的内容阐释专业知识，也通过丰富的图示进行解析，以期本书彰显其专业学术价值和实用价值，并希望通过理性的阐述和分析，做感性的提示、启发和总结。学生要想深层次地掌握本课程内容，须在具体设计实践中体会和感悟。本书虽然是修订版，但书中难免会存在疏漏之处，敬请方家不吝指正。

在本书修订过程中，国家开放大学唐应山教授和中央广播电视大学出版社策划编辑安薇、责任编辑李京妹给予了鼎立指导和配合；同时，还得到了刘家兴、霍志斌、庄兴舞、陈畅、岳梓豪、王晨阳、蔚跃风、岳阳、宋美娇、庞艳萍等研究生的大力协助，在此一并致谢。

李朝阳

2017 年 5 月于

清华大学美术学院

目　录

第 1 章　材料与施工技术的概念

学习目标

　　正确认识材料、施工技术与室内设计的关系；掌握构造的基本类型和特征。

学习重点

　　材料与空间的关系；材料与施工技术的重要作用。

学习难点

　　在设计中不能单纯地关注材料，还应结合施工技术，逐步构建室内与空间、材料与构造的整体理念。

1.1　材料的概念、特性与分类

　　毋庸置疑，材料对于室内空间及室内设计均起着十分重要的作用。通常我们所说的材料，从流程的角度讲，可以理解为原料经过加工变为材料，材料再经过加工变为可被人使用的成品材料。

　　随着人类文明的发展和科技成果的巨大突破，我们几乎存在于一个由各种材料构成的物化世界。小到早上叫起的闹钟、吃饭用的餐具、工作用的计算机、晚上睡觉的床榻，大到我们所住的房屋、商业中心、跨海大桥，甚至航空母舰等，它们都是由各种材料构成的。可以说，我们是在创造一个对自然界原有物质进行加工、整合后，为人类所利用的、高层次的物质存在，而材料是介于这个过程中的载体，并且随着人类文明和科技的发展，在室内空间中逐步得到优化。

　　认识材料，尤其对于室内设计，有必要先厘清几个耳熟能详但又绕不过去的概念：装饰材料、装修材料。"装饰"和"装修"的概念并不等同，装饰是对生活用品或生活环境进行艺术加工的手法，加强审美效果，提高其功能、经济价值和社会效益，并以环保为设计理念。完美的装饰应与客体的功能紧密结合，运用合理的施工技术，发挥材料的性能，并具有良好的艺术效果。"装饰"在《辞源》中的解释为"装者，藏也，饰者，物既成加以文采也"，指的是对器物表面添加纹饰、色彩，以达到美化的目的。显然，装饰多关注室内看得见的"外表"。而"装修"似乎多是"内外兼修"，既要关注外表的饰面效果，也要注重室内空间界面及相对固定部件的构造处理，可见对这些无法直接看到的外表"背后"也不能忽视。这两个概念虽然接近，但界定还是比较清晰的。不论装修材料还是装饰材料，只要在室内空间环境范围内，所涵盖的材料均是本书所涉及的对象。可以发现，室内设计对材料的运用已远远超出狭义的材料范畴，许多建筑材料、景观材料、生活用品，甚至农作物等也可以被巧妙、合理地运用于室内设计中，使室内材料的外延得到极大的拓展。因此，可以这样理解，本书所指的材料是一切可应用于室内的材料的统称（见图1-1-1～图1-1-3）。

室内设计的核心本质就是人们通过对材料的运用创造优美的人居环境，所以材料变为不可回避的构成要素；或者说，在某种意义上，室内设计师一直追求的其实就是对将自然界物质转变为可用材料的驾驭，以满足人的多重功能的需求。显然，材料的种类有限，而材料的组合可以接近无限，并逐渐成为现代室内空间的主要承载者，对室内设计及设计创新起着越来越重要的作用。

图1-1-2

图1-1-1

图1-1-1 室内空间从某种层面上展现的是材料语言的魅力
图1-1-2 经过处理的树叶也可以作为墙面的装饰材料
图1-1-3 常见的曲别针同样是塑造画面的材料选择

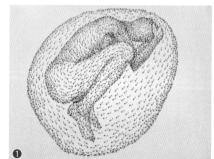

图1-1-3

1.1.1 材料与室内空间及设计的关系

在室内设计专业活动中，材料是不可回避的话题。"巧妇难为无米之炊"，材料在室内设计中就如同"米"的作用，离开对材料的认识和研究，室内设计是无法进行的，甚至无异于纸上谈兵。如果说室内设计实施后的成果就像一本书，那么所用材料就是文字，承载着创作者满满的设计意图。欣赏者游走于由各种材料构造而成的室内空间中，就像阅读一本厚厚的著作，或是小说，或是散文，透过材料，领会创作者对世界的独特理解和感悟。

在室内设计时，设计师依据已有条件进行设计思考，确定设计理念，形成方案成果，并最终付诸实施，以实现设计计划。这个逐步物化的过程所需的材料就成为呈现室内设计意图的载体与媒介。

室内设计重点研究建筑空间中人与环境之间的关系，而环境中的物对我们有着最为直接的感知作用，是在人的意识作用下由众多材料所构筑的现实体系。基于此，我们不难理解，材料作为室内设计专业体系研究的主要构成要素，在室内设计中起着不可替代的作用。各种材料的色彩、质感、触感、肌理、光泽、耐久性等特性的合理呈现将会在很大程度上影响室内空间环境，产生不同的空间形态和视觉语言，并影响着人们对室内空间的心理感受和审美评价。材料更应服从于空间整体，不能孤立地游离于整体之外，以使室内空间的材料语言诠释其自身独特的内在魅力（见图 1-1-4～图 1-1-6）。

图 1-1-4

图 1-1-4 好的设计同时也应是各种材料组织的和谐统一

图 1—1—5

图 1—1—5　改变材料的比例尺度会形成不同的空间表情

图 1—1—6　扭曲的玻璃幕墙背后蕴含着施工技术和工艺的进步

图 1—1—6

时代在发展，室内设计早已不再是为了少数群体服务的特殊行业，借助工业化的换代升级，材料成本也逐渐合理、透明。过去曾只用于宾馆、饭店、写字楼等中高档场所的特殊建筑装饰材料，如大理石、实木地板、地毯、壁纸、各种灯饰等，都已经逐渐广泛用于全民室内装修活动中。在这种形势下，设计师和施工技术人员都必须熟悉装修材料的种类、性能、特点，掌握各类材料的使用规律，善于在不同的工程和使用条件下恰当地运用不同的装修材料。这样不但能使空间设计中所使用的材料的质感、形体、色彩、功能等充分体现出来，还能达到合理地降低装饰成本的目的。

需要强调的是，在室内设计中，材料与专业中另一个重要因素，即造价有着非常重要的关系。室内设计对不同材料的选择会涉及所谓高、中、低档次的造价因素；因此，对于项目造价的控制会直接影响对材料的选择。使用材料的不同会导致工程造价的差别和工程效果的优劣。有了合理而均衡的材料组合搭配，能够在使工程造价合理的前提下，达到令人印象深刻的室内设计效果。

材料的发展也与室内设计行业的发展密切相关，现阶段似乎已经形成了相辅相成的关系。一方面，设计构思的实现需要丰富的材料来充实，产生了对材料的迫切需求，设计师渴望能够有合适的但又与众不同的材料来表达自己的设计意图，向完美的设计目标前进；另一方面，由于材料厂家为提高市场竞争力，通过研发不断推出大量新型材料，也间接地推动了装饰行业的蓬勃发展，甚至依托室内设计行业，材料行业现已成为相对独立的、具有很强专业性和综合性的一项支柱产业。

令人欣慰的是，在经济快速发展和信息技术日益发达的当下，人们的生活质量和审美情趣不断提高，对室内环境的品质也愈加重视。设计师也已逐步从原有传统的设计思维中解脱出来，在设计中更加强调材料的使用方式和构造方法，通过新型材料的应用、传统材料构造方式的变化来求得空间与形式的创新。对室内材料的选择和运用逐步从过去只注重功能实用性层面或单纯地为装饰而装饰，开始转向对材料的视觉、知觉与空间整体的综合体验及个性化感受，并且开始注重生态环境和可持续设计。

1.1.2　材料的特性

毋庸置疑,材料与室内设计,乃至室内设计专业体系本身都有着紧密的联系。每个设计课题或项目都存在不同的主题,在了解材料特性的前提下尝试不同的材料,是使材料呈现整体最佳效果的关键所在。对于同一种空间形式或装饰造型,如果赋予其不同的装修材料,则必然会带来迥然不同的视觉效果和空间感受;同样,即使采用同一种材料,如果改变其组合形态、比例和尺度或色彩搭配,也会形成不同的视觉表情,给人带来不同的空间感受。这无疑体现了材料在室内设计专业中的重要性。

任何一种材料都有自身的物理特性,这决定了它的属性和适应性。木材是人类最早使用的材料之一,材质轻、强度高,有较好的弹性和韧性,耐冲击、耐振动性好,容易加工和进行表面装饰,对电、热、声有良好的绝缘性,有优美的纹理以及柔和、温暖的质地,其优点是其他材料无法取代的。但由于木材具有吸湿性,干燥前后其材质变化较大,因而木材需要干燥,直到与其使用的部位的含水率相接近时才不易变形、开裂,这是由木材自身的特点决定的。为了使材料具有更广泛的适应性,人们经常对材料的内部结构进行变化和改造,以改变材料的自然属性。所以,我们会采用炭化、合成等加工手段,改善木材本身的性能,解决木材的变形、开裂等问题。

综上所述,材料的物理特性通常可以理解为材料的强度、隔音、隔热、耐水、阻燃、耐侵蚀、环保性等。了解了材料的这些特性,可以对比不同材料、同类材料之间的优劣,使材质之美在设计中得到充分的发挥和合理的体现。

1.　材料的功能特性

材料在室内设计专业体系中起着举足轻重的作用,从对建筑结构保护的需要,到对室内空间的使用功能的合理调节,最终对营造室内整体的空间气质,都是材料发挥其特有功能的表现。

（1）装饰功能

室内空间一般是通过材料的形态、质地、肌理、纹样、色彩来实现的,因此,材料固有的审美属性在室内空间中自然具有一定的装饰功能。

质地是质感的内容要素,肌理是质感的形式要素。质感是指对材料质地的感觉,对不同的质地有不同的感觉,重要的是了解材料在使用后人们对它的主观综合感受。一般材料要经过适当的选择和加工才能满足人们的视觉审美要求。花岗石只有经过加工处理,才能呈现出既光洁细腻、粗犷坚硬的不同质感。色彩可以左右室内空间的整体效果、建筑物的外观,甚至城市面貌,同时对人们的心理也会产生很大的影响。材料的固有颜色有其独特的自然之美,所以在室内设计中,应充分运用材料的自然条件和优势。有时也可通过技术或加工改变材料的固有本色，形成别样的材质效果。例如，大理石丰富的纹理之美、花岗石色彩的端庄之美、金属的冷峻之美、木材质朴的自然之美，以及经过后期染色处理的木材的色彩之美与壁纸图案的细腻、柔和之美。

不过也有不少材料看似平淡无奇，甚至被人冷落，但是经过巧妙的组织和处理后，同样也颇具装饰意味和审美情趣（见图 1-1-7 ～图 1-1-10）。

图 1-1-7　密斯的作品将材料的自然属性与
　　　　　理性的空间形态构成有机整体
图 1-1-8　司空见惯的卵石与钢筋网的组合
　　　　　也充满装饰趣味

图 1-1-7

图 1-1-8

图 1-1-9

图 1-1-9　木材的断面组合颇具形式感和装
　　　　　饰性
图 1-1-10　日本设计师隈研吾对瓦材的重新
　　　　　解读和诠释

图 1-1-10

（2）保护功能

　　建筑在长期使用过程中经常会受到日晒、水淋、风吹、
温差等作用，也经常会受到腐蚀和微生物的侵蚀，从而出
现粉化、裂缝、霉变，甚至脱落等现象，影响建筑的耐久性。
选用适当的材料对建筑表面及内部空间进行处理，不仅能
对建筑内外空间起到良好的装饰功能，还能有效地提高建
筑的耐久性、安全性，降低维护费用。

材料的保护功能往往是由材料的化学成分或物理性能决定的，其特定的功能和使用的范围也是"各司其职"，如针对强度、防水、防滑、阻燃、耐腐蚀等不同的功能要求，会对应出现各类相关材料。例如，对卫生间的墙面和地面涂刷防水层，就能够保护墙面和地面，使墙面和地面免受或减轻侵蚀，延长其使用寿命；而地面铺贴防滑地砖也是提高安全系数的措施之一。

（3）环境调节功能

材料除了具有装饰功能和保护功能外，还具有改善室内环境使用条件的功能。例如，报告厅的内墙和顶棚使用装饰吸音板或矿棉吸音板，就能起到调节室内空间的吸音效果和改善使用环境的作用；木地板、地毯等能起到保温、吸音、隔热的作用，使人感到温暖舒适、自然宜人，改善了室内的空间环境和生活品质。

实际上，有些材料并非只具有单一功能，往往具有多种复合功能，将装饰功能、保护功能和环境调节功能集于一身。因此，面对众多材料，我们应系统地认识材料的基本特性（见图 1-1-11）。

图 1-1-11　墙面材料在空间中具有明显的吸音功能和装饰意味

图 1-1-11

2．材料的视觉特性

以室内空间设计为特征的思维时空形态设计，以视觉、触觉、听觉、嗅觉、味觉等的传达为其综合感觉的特征，并且主要以室内空间场所整体形象的氛围体现来进行创作，因此，室内设计成为人体感官全方位、综合地接受美感的重要环节。尽管氛围体现在室内环境的场所体验中具有重要意义，而且需要人的综合感官来感知，但由于在人的所有感官中，视觉对于室内空间形象的判断最直接、最敏感，从而成为接受外部信息量最大的感觉要素，所以对于室内环境空间体验的首要印象是由视觉来完成的。美国理论家鲁道夫·阿恩海姆在《艺术与视知觉》中说："视觉形象永远不是对于感性材料的机械复制，而是对现实的一种创造性把握，它把握到的形象是含有丰富的想象性、创造性、敏锐性的美的形象。"而这种形象之所以产生美感，原因又在于构成形象的室内环境空间符合人对于事物审美的基本认知规律、符合特定审美意识的室内空间构成形式。这种构成室内空间的形式是人对室内空间形态表皮的感觉，反映了人的大脑产生的形象所表达的形、色、材、光，以及它们自身状态的变化，共同组成室内空间形式美的内容。室内设计作为一门协调各类艺术与设计的相互关系的设计，显然需要将人的视觉可感受范围的空间整体放在首位。

可以认为，视觉的美感来自室内环境中空间形态动态的平衡，来自实体造型释放的张力，来自视觉对象所呈现的材质、色彩和光线，这些美感的来源均成为衡量室内空间设计成功与否的标准。因此，视觉成为室内设计追求的重要因素也就并不奇怪了。显然，构成空间形态的材料也就必须面对，不可回避了。

对于材料的视觉特性，我们似乎形成了一定的经验和概念。例如，常见的乳胶漆墙面给人以质地细腻、色彩纯净、形式简洁之感；木材给人以纹理自然、亲切宜人之感；石材、玻璃、陶瓷等给人以光挺、洁净之感；金属材料令人感觉相对冷峻、光挺；织物面料令人感觉柔软细腻、图案丰富。这些都显露出材料各自的视觉表情。材料与界面的比例和尺度问题对空间效果的影响也显得颇为重要。

材料的表皮特性主要表现在粗细、冷暖、软硬、纹样等方面。材料表皮本身不仅仅包含其质地的表现力，实际上，也是通过材料的表皮来丰富设计的表达力。

材料表皮的颜色、光泽、纹样、肌理、形状和尺寸均是形成视觉特性的主要要素。

（1）颜色

材料自身均有各种不同的固有颜色，材料的颜色是影响室内空间视觉的主要要素，也是影响人们生理和心理感受的重要因素。材料的固有颜色决定于以

图 1-1-12

下三个方面：

一是材料的光谱反射。

二是观看时照射在材料表面的光线的光谱组成。

三是观看者的眼睛对光谱的敏感性。

以上三个方面涉及物理学、生理学和心理学，但在这三者中，光尤为重要，因为无光就无色，无光就无形。

材料的颜色一般呈现出以下两种状态：

第一种，材料自身具有的天然本色、不需要任何色彩加工处理而形成的自然色。

第二种，根据设计的需要而对材料进行技术处理，改变材料的固有颜色。

在选择和使用材料时，物体的颜色是形成色彩组合的重要基础，因此，对材料颜色的选择务必结合室内的空间设计、色彩设计、光环境设计，形成不同的色彩组合，这才是对颜色的正确使用。同时，也要考虑色彩的搭配，如色相的对比、冷暖的对比、补色的对比、色域面积大小的对比，这样才能使材料的颜色得以充分显现（见图 1-1-12 和图 1-1-13）。

图 1-1-12　色彩的变化可以影响人的心理感受
图 1-1-13　墙面色彩的微妙变化使空间既丰富又具有整体感

图 1-1-13

（2）光泽

光泽是材料表面的一种特性，在审视材料的外观时，其重要性仅次于颜色。光线照射到物体上，一部分被反射，另一部分被吸收。被反射的光线可集中在与光线的入射角相对称的角度上，这种反射称为镜面反射；被反射的光线也可分散在各个方向上，这种反射称为漫反射。漫反射与前面讲过的材料的颜色和光有关，而镜面反射是产生高光泽度的主要因素。光泽是有方向性的光线反射性质，它对形成于表面上的物体形象的清晰程度，也就是反射光线的强弱起着决定性的作用（见图1-1-14～图1-1-16）。

图1-1-14

图1-1-15

图1-1-16

图1-1-14 金属马赛克形成的特殊光泽

图1-1-15 空间界面及局部不同的光泽强化了空间的层次感

图1-1-16 贴膜后的玻璃与其他材料含蓄的光泽对比

如果物体是透明的，则大部分的光被物体透射。材料的透明性也是与光有关的一种特性。既能透光又能透视的物体称为透明体，常见的玻璃大多是透明的；而磨砂玻璃和压花玻璃等只能透光而不能透视，则称为半透明体。一些特殊的石材也具有一定的透光性（见图 1-1-17 和图 1-1-18）。

图 1-1-17

图 1-1-17　磨砂玻璃透光而不能透视

图 1-1-18　部分石材也以其透光的特质展现其自然美感

图 1-1-18

（3）纹样

纹样多指材料表面的平面纹饰，如天然花纹（如天然石材）、纹理（如木材）及人造的花纹图案（如壁纸、彩釉砖、地毯等）都有特定的要求，以达到一定的装饰目的（见图1-1-19～图1-1-21）。

材料常见的纹样一般有水纹、云纹、木纹、石纹、毛皮纹、几何纹等。

图 1-1-19

图 1-1-20

图 1-1-21

图 1-1-19　木材纹理与壁纸图案的有机结合
图 1-1-20　石材纹样与壁纸图案丰富着墙面
　　　　　　装饰
图 1-1-21　地毯表面的图案和质感统领着空
　　　　　　间的整体格调

（4）肌理

肌理是材料表皮的质地，形成各种丰富而有序的不同走向及纹理。肌理有点、线，也有条、块；有水平的、垂直的，也有斜纹的、交错的；有规则与自由的，也有自然与人工的。材料的原料、组成、配合比、生产工艺及加工方法的不同，使表面组织具有多种多样的特征：有细致的或粗糙的，有平整的或凹凸的，有冷色调的或暖色调的，也有坚硬的或柔软的，等等。材料的立体感给人以强烈的凹凸效果，不同角度的光会影响凹凸的视觉感受，只有依靠触觉才能获得深刻的体验，强化立体的感知。肌理包括压花（如发泡壁纸）、浮雕（如浮雕装饰板、波浪板）、植绒、雕塑等多种形式，丰富了室内空间的细部特征，展现了材质特有的肌理美。

肌理是质地的形式要素，反映了材料表现的形态特征，肌理的存在使材料的质地体现得更为具体、形象。肌理的运用在环境设计语汇中是非常丰富的，一般室内空间不会由单一材料构成，但肌理不同的材料通过拼贴、调和、对比，可以产生各种不同的视觉效果。肌理材料的粗细也是相对的，即使材质的表面很光滑，也会有纹理的凹凸变化。

显然，不同材料均有其特定的自然肌理。事实上，单一材料通过设计的巧妙处理，可以突破原有的惯性思维，也可以改变其组合形态、颜色而呈现动态特征，重新营造出全新的人工肌理。粗糙的砂浆饰面通过改变其纹理走向，质地虽然没变，但视觉肌理可被营造得流畅、柔软；凝重的混凝土饰面质地也没变，但利用木质模板，同样可以形成细腻、自然的视觉表情。显然，寻求肌理的变化是我们设计时依托材质的表现手段，也是地域特征和人文精神得以诠释的有效途径。

综上所述，肌理侧重的是材料的表象，很少涉及材料的内部构成，是材料实体在视知觉上的反映。肌理按物理表象，可分为视觉肌理与触觉肌理，其中视觉肌理主要体现于色彩感觉、光泽强弱、纹理形状等视觉因素带来的心理反应；触觉肌理主要体现在平滑粗糙、疏松密实、温暖冰冷等触觉因素形成的生理与心理感觉。在视觉与触觉的共同作用下，材料肌理呈现出丰富多彩的表现形态，也给人带来多样的视觉感受和心理体验。

由此可以看出，材料的物质概念不难界定，是以空间环境的物质实体来体现的；而肌理除了浅层的物象是以"皮肤纹理"的概念来传达室内空间物象表层的丰富细腻的质感外，更多的是场所中深层次的文化积淀。对于室内空间环境这一人工环境的特定场所，其视觉认知的外在表象是由空间形态以及材料与肌理的组合构成的；而材质的肌理变化、材料的合理组合会使室内设计存在不同的表现力，甚至会主导我们设计的走向，为材料设计的创新提供了更多的可能性（见图 1-1-22 ～图 1-1-28）。

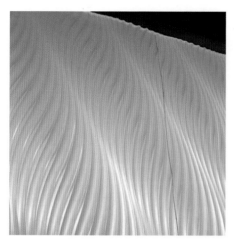

图 1—1—22

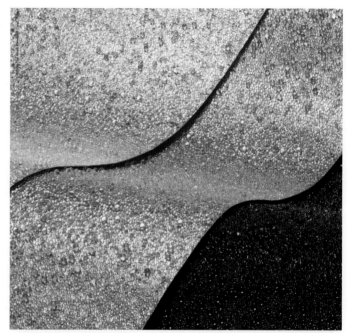

图 1—1—23

图 1—1—24

图 1—1—22　人造波浪板丰富的表面肌理

图 1—1—23　壁纸丰富的表面肌理

图 1—1—24　墙面的肌理强化了空间的自然
　　　　　　　情趣

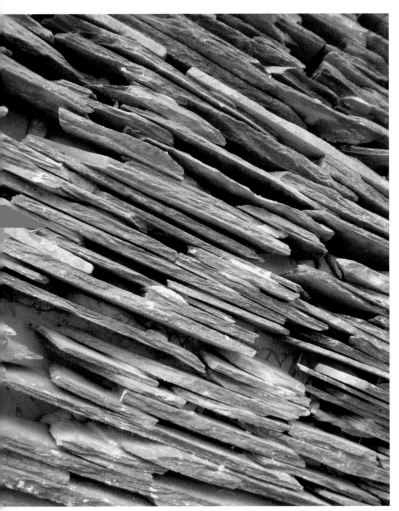

图 1—1—25

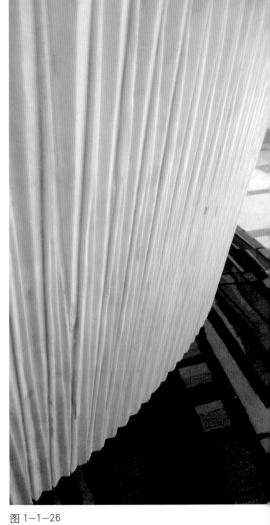

图 1—1—25　石材的断面组合营造的表面肌理
图 1—1—26　石材形成的人工肌理

图 1—1—26

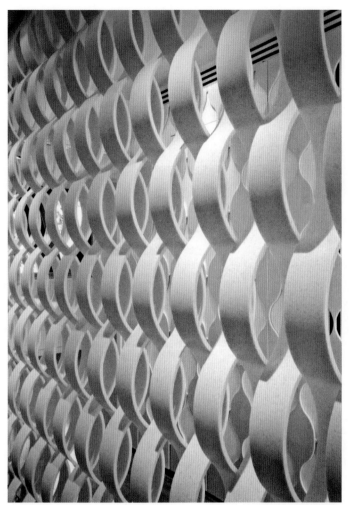

图 1—1—27

图 1—1—27　充满强烈形式感的人工肌理
图 1—1—28　坐具表面强烈的视觉肌理

图 1—1—28

（5）形状和尺寸

材料的形状和尺寸，如砌块、板材和卷材等，都有特定的要求和规格。除卷材的形状和尺寸可在使用时按需要剪裁和切割外，大多数装饰材料都有一定的形状和尺寸，如线形、长方形、正方形、多角形、曲面或体块等多样的几何形状，以便组织成各种图案和纹样，以合理的比例和尺度关系体现于空间中，塑造出丰富的视觉表情（见图1-1-29 ～图1-1-31）。

图1-1-29

图1-1-30

图1-1-29 正方形石材也可以组合成丰富的
　　　　　装饰图案
图1-1-30 经过拼贴组合的木质地板

图 1-1-31

图 1-1-31 墙面的材质通过宜人的比例和尺
度关系与空间尺度取得统一

在室内设计中，材料的选择固然重要，但并非选对了材料品种就万事大吉，因为材料的形状和尺寸如果与空间的比例和尺度缺乏统一，或过分夸张，空间效果也未必能得到保证。所以，我们很少看到厨房、卫生间会使用超大规格的墙地瓷砖，客厅的地面也很难见到铺贴马赛克。

所谓比例的概念，是指在空间中各环境要素（实体和空间）局部与局部、局部与整体等相互之间在尺寸上的数学关系；而尺度是指人与空间各环境要素之间的大小对比关系，它是人们在环境中赖以识别和测量环境要素的手段。因为人们只有通过空间各要素与自身进行比较，才能对其加以审视、感知、评判。

　　综上所述，材料均能以各自不同的特性展现其审美属性，恰当地彰显室内空间的性格特征。显然，可以这样理解，追求回归自然的状态是人动物性的本能体现，人的视觉神经在大自然的怀抱中总是处于相对松弛的精神状态，从环境艺术设计的视觉概念出发，无非就是将人工环境的视觉观感调整到类似于自然的状态。这是一种有节制的视觉状态，既不存在视觉饥渴，也不存在视觉污染，因此能够产生美感。需要注意的是，视觉固然重要，但一味模仿、"山寨"引起的视觉疲劳或过度设计造成的视觉污染则会成为视觉环境的负面问题。视觉污染主要是指材料堆砌、内容超量、缺乏理念、品位低下，不能产生美感的空间环境所引起的视觉疲劳，从而导致人产生眩目、烦躁、沉重、压抑的心理感受，损害身心健康的视觉环境。尤其在现代城镇逐渐膨胀发展的景观及室内空间中，似乎都存在不同程度的视觉污染，让人感到俗不可耐，甚至令人作呕（见图 1-1-32 ~ 图 1-1-34）。

图 1-1-32

图 1—1—33

图 1—1—32　材料的堆砌未必能为空间带来美
　　　　　　感
图 1—1—33　缺失了文化背景，即使采用高档
　　　　　　材料也仍然是蹩脚的复制品
图 1—1—34　材料的过度使用使空间只能是个
　　　　　　毫无品位的"山寨"版

图 1—1—34

3. 材料的感觉特性

艺术的审美并非不可捉摸，它是人们感觉的产物。视觉、听觉、触觉、嗅觉、味觉等是人感觉能力的具体体现和基础。基于空间理念的室内设计表现为一个四维时空连续的整体，也就是说，这是室内空间总体释放出的理性的、概念的、综合的艺术氛围和审美感受，是由室内环境全部构成要素所折射出来的，也是自然环境、人工环境、人文环境的所有表象的综合反映，包含了人的视、听、触、嗅、味的全部感知。另外，也可以进一步理解为，室内环境的艺术氛围和美感的体现需要满足人的环境体验的审美尺度。环境体验作为包括一切感觉方式的综合反映，并不一定仅仅来自视觉要素，它应包含所有的感觉方式，以使人参与其中并产生强烈的感知。

感觉特性表现为材质在人脑中的联合反映，可以理解为人的感官对材料做出的综合印象。在人们的多种感官中，视觉和触觉感知比听觉、嗅觉、味觉更为突出，这时，材料的质感便无法回避了。

（1）材料的质感

在室内设计中，直接影响视觉效果的因素从大的方面讲有形、色、材、光等，各种材料因结构组织的差异，其表面呈现不同的质地特征，会给人不同的感觉，也可以使人获得不同的艺术形象。材料的质感一般指人对材料表皮的肌理形成的视觉、触觉感知，带有一定的主观成分。各种材料的物理和化学属性不同，故具有不同的材料质感，并产生了软硬、松紧、粗糙和细腻等的感觉区分。木材表面的质感以线条为主，具有生动的速度性和方向性。从起源上讲，石头、金属、玻璃同出一脉，质感以沉重的惰性和密实的实体为主，兼具晶体表面重影效果表现出的瞬息万变的不确定性。石头已不仅仅是一个无机物形象，它使人感受到的最强烈的特征便是质感特征；混凝土的可塑性极强，或粗犷或细腻，或阳刚或阴柔；始于近代的钢铁带着机器介入的痕迹，暗示了一种质地坚硬、冷拔的力量；质明、壁薄的玻璃的特殊材性使它与源头的石材质感相去甚远；光的介入显示出的反射、漫射、折射等特性赋予玻璃多变、丰富的表面特征。

显而易见，不同的质感给人带来不同的心理感受，正如木材、石材、皮革的质感通常给人以质朴、舒适的心理感受；玻璃、水泥、钢材的质感一般给人以坚硬、冰冷的心理感受。上面的表述似乎成为人们约定俗成的认识，实则不然，同一质地未必带来同一质感。金属型材的表皮敷贴木纹贴面后形成了人工质感，并不会令人感到坚硬、冷冰，反而令人感觉自然、质朴。

因此，按材料自身的构成特性，材料的质感可有天然质感与人工质感之分。

天然质感，即物体表皮特质的自然属性，是材料的成分、物理化学特性及表皮肌理等组织所显现的特征，是材料自身所固有的质感。

人工质感，即物体表皮特质的人工属性，是指人有目的地对材料表皮进行技术性和艺术性加工、处理，使材料具有自身非固有的表面特征。

简而言之，质感是物体特有的色彩、光泽、表面形态、纹理、透明度等多种因素综合表现的结果，来自人的本能体验。人对材质的这种经验主要体现在视觉的感知、触觉的感受，并上升为情感因素，从而引导人们对材质的深刻认识和运用，达到设计所追求的寓意（见图 1-1-35 ～ 图 1-1-37）。

图 1-1-35　极富天然气息的墙面质感与玻璃的洁净形成强烈对比

图 1-1-35

图 1—1—36

图 1—1—37

（2）空间整体的感知

① 感觉印象。

我们知道，人对室内空间的感知是人通过视觉、触觉、听觉、嗅觉、味觉对空间界面、陈设全方位的生理体验和心理感受。实际上，对一个室内空间整体的感知首先来自直觉，并通过大脑判断形成第一印象——感觉印象，是把室内环境构成的个别属性，如形体、色彩、材质、光线、虚实、比例、尺度等送到大脑的一种直接反应，即"直觉"，并为知觉提供材料。室内审美中所有较高级、较复杂的心理形式与心理过程都是在此基础上产生的。人可以通过训练来提高感觉的敏锐度。对设计师来说更应如此，这是重要的基本功之一。另外，形体、色彩、线条、材质等在组合方面形成对比或夸张，也会使视觉产生误差与错觉。例如，狭小、低矮的空间由于墙面或顶部使用了镜面处理，就会感觉扩大了空间。

显然，由于有了视觉，我们才能感觉各种物体的形状、色彩、肌理、明度，一般来说，人所获得的信息中有80%都来自视觉。尤其对于室内空间或材料而言，触觉与视觉同等重要。

② 触觉环境。

触觉是人接触、滑移、压力等刺激的综合体验，皮肤的感觉即触觉。皮肤能对机械刺激、化学刺激、电击、温度和压力等做出反应，人的痛觉、压力感、温感、冷感都是由皮肤上遍布的感觉点——神经末梢形成生理与心理感受的。通过接触物体，我们可以感知物体的材质与所处的环境，并且产生相应的情感，或舒适温馨，或冷淡漠然，或恐惧排斥。抚摸令人怜爱的猫咪与触摸滑腻冰冷的毒蛇时感觉显然是不一样的。

实际上，人的感觉点的分布并不均匀，疏密不同，指尖、舌尖、口唇最密，头部、背部最疏。由于感觉点的分布疏密不同，所以人体触觉的敏感程度在身体的各个部分是不同的，指尖和舌尖最敏感，背部和后脚跟最迟钝。因此，触觉问题也就主要表现为解决温度和压力的问题。这时就需要关注材料的选择，使之更亲近于人。

图 1-1-36　纯净的金属质感颇具现代气息
图 1-1-37　照明的烘托使墙面质感细腻且富有层次

首先，选择体感好的材料。在冬天我们的皮肤触碰到浴室里的瓷砖时，身体会觉得发冷，产生一种畏缩的感觉。人之所以会感到发冷或温暖，是因为在人的皮肤上分布着被称为冷点和热点的组织，它们对周围温度的敏感度较强，使人产生了冷或热的感觉。但材料选择有时会和功能要求相互制约，如体感舒适的材料可能不太适用于浴室。这就需要从心理层面上选择材料，起码视觉上能有温馨之感。

其次，不能忽视的静电问题。我们对"静电"这个词并不陌生，有时脱衣服时会有体会。静电一般在物体相互摩擦时产生，当它积累到一定数量时就会放出火花，甚至还会带来危害。有时我们想要开门，当接触门把手时，"啪"的一声，手指尖会感到有些刺痛，这就是产生了静电的原因。尤其在北方一二月空气干燥的时候，常会发生这种令人不快的现象。

为了防止静电，就需要一些方法。首先，需要研究地面材料。羊毛和尼龙地毯在空气干燥时产生的静电量大，而且容易放电；与此相反，聚丙烯或乙烯树脂等经过技术处理后，可以有效地防止静电。但不论哪一种地毯，在冬季使用时都需要注意。其次，控制温度、湿度。如果室内温度高，就不易产生静电。例如，当室温为 20 ℃、湿度大于 60% 时，就很少发生静电现象。

可以发现，上述问题如果处理不当，都会影响人对室内的感知。因此，我们不但要关注材料的种类与价位，材料的市场流行与时尚，室内空间的色彩、质地、图案与材料表现和结合的可行性，而且不能忽视材料的物理特性。

③ 空间知觉。

我们已经知道，室内空间不是二维平面的绘画，而是实体与虚空形态对立统一的空间环境。随着视点的流动、扫描，感觉印象逐渐增多，这时，人被室内空间对象吸引，以引起审美注意。因此，所谓空间知觉，就是以感觉印象材料为基础，通过大脑的选择、加工、抽象而做出对室内整体的综合体验。

人处于室内环境时，对于空间环境的知觉虽然以各种感觉印象为基础，但并不是诸多感觉印象简单的相加，而是大大超过感觉印象之和。其主要原因在于，人的大脑参加了工作而产生了空间知觉，并由于人的知觉具有知觉抽象、直觉整体性、知觉序列性等心理机能，逐次产生了室内环境诸构成要素的方位与立体、形状与比例、距离与层次等空间景观，形成了人对空间与所能见到的局部完全不同的完整形象，即所谓知觉的整体性。可见，人的知觉总是最先关注室内的整体，并通过知觉序列逐步审视、体验室内空间的局部及细节（包括材质）。这就要求设计时不但要注重室内空间整体的视觉，同时也要注重局部细节的触觉，形成从整体到局部、从局部到细部，又从细部回到整体的统一关系，使它们每个部分都彼此呼应，存在关联的合理性，使材质之美得到合理的展现。

知觉和感觉是指人对室内空间环境的一切刺激信息（包括材质）的接收和反应能力，是人的生理活动的一个重要方面。了解知觉和感觉，不但有助于对人的心理的了解，而且可以给在室内环境中的人的知觉，以及感觉器官的适应能力的确定提供科学依据。人的感觉器官在什么情况下可以感受到刺激物，什么样的室内环境是可以接受的、什么样的室内环境是不能接受的，也是我们需要关注的问题。为室内环境设计确定适应于人的标准，有助于我们根据人的特点去选择材料，去创造适应于人的室内环境。这时，各种不同材料都依附于各实体形态要素之上，对材料的感知就上升为对室内空间整体的综合体验。因此，我们不但要重视视觉，也要关注触觉；不能忽视听觉，更不能漠视嗅觉；既要注重人文精神，也要关注环境因素。

④　人与室内环境。

环境与人类是息息相关的。人总是生活在具体的室内环境中，良好的生活环境可以促进人的身心健康，提高工作效率，改善生活质量。影响人的环境因素可分为以下四种：

一是物理环境，如声、光、热的因素对人的影响。

二是化学环境，如各种化学物质对人的影响。

三是生物环境，如各种动植物及微生物对人的影响。

四是其他环境，如人文因素对人的影响。

这些均要以材料的不同形式作为支撑，形成视觉—光环境、听觉—声学环境、触觉—温度和湿度环境，使知觉与室内环境相互对应。

人类对环境进行各种工作的最重要的目的就是研究环境与人的相互关系。把这种关系仅仅单纯地解释为来自环境的作用（刺激）和对之产生反应或适应（影响）结构模式是不够的。如果在设计或选择运用材料时，忽略了人的适应能力或者超过了人的适应限度，就会在设计过程中导致公害和产生某些疾病等。

我们习惯于通过人工手段改造自然环境，以使人对室内环境的调整与适应比较容易地实现。然而，人工环境并不总是优于自然环境。环境污染及公害等就是人们创造的不健康的环境。只着眼于优先考虑生活舒适和方便、材料的昂贵或低廉，而不顾及人们自身的调整能力和适应能力，其结果必然会破坏环境。当下，由于材料使用不当而破坏室内环境，给人带来危害的例子屡见不鲜。试想，有谁会愿意生活在一个视觉杂乱、触觉冰冷、噪声缠扰、气味围攻的空间内？在追求便利和舒适的现代化过程中，虽然没有达到直接破坏环境的程度，却产生了不健康的后果。例如，公共商厦或高档公寓里的冷气给人们带来的障碍、闭塞恐怖与高层恐惧带来的精神病态，这些均可以看成对新环境、新生活条件的调整与适应的失败。显然，设计理念出现偏离导致了人对空间整体感知的偏差。

4．材料的审美特性

在室内设计中，材料不仅具有装饰功能、保护功能和环境调节功能，而且具有传递情感的心理作用，材料的形态、质地、肌理、纹样等本体的自然属性都是传递情感的重要载体，蕴含着与人心理对应的情感信息。这种信息的传递并非立即被人感知、理解和接受，而需要经过复杂的心理活动，给人以最直接的审美体验。每一种材料自身都包含着那个时代的审美情趣和人文特征，因而一个时期的代表性材料必然会显示出时间与空间的某种界限，同时也折射出其所处年代或地域的时代性、文化性、历史性。下面主要介绍材料的时代性与动态性、材料的地域性与文化性。

（1）材料的时代性与动态性

中国作为历史文化源远流长的国度，在材料运用方面积累了丰富的经验，尤其对木材、石材、泥土、青铜的使用已达到登峰造极的境地。由以木构造体系为特征的建筑，传递出特定时代与地域的历史和文化，诠释出丰厚的中国传统哲学思想和审美情趣。木材这种悠久而成熟的材料虽然与绿色生态的可持续发展理念相抵触，但其时代性仍会通过其独特的视觉特征转化到新型的现代材料中，落实到新的界面和形态之上，体现于现代室内空间之中，延续、释放着木材的自然、温馨、时尚之美。

因此，材料的时代性并非指只适用于某个时期，或只能体现于某种风格，事实上，材料也具有动态特征。传统材料、乡土材料都可通过不同的手法和先进的技术手段进行重构，使材料本体的自然形态、传统样式形成全新的人工形态和肌理；而新材料、新技术也能替代传统材料、乡土材料，以顺应时代的发展，缓解当下日益严峻的资源消耗问题。这时，材料就转化为材料的特性，具有了时代属性、审美取向和动态特征。与其说材料具有时代性，不如说材料的形态被附加了鲜明的时代特征（见图1-1-38和图1-1-39）。

图 1—1—38

图 1—1—38　顶棚装饰图案体现出一定的时代性

图 1—1—39　颇具时代特征的材料运用与空间气质有机统一

图 1—1—39

　　应该相信，即使针对同一材料，不同时代、不同地域的人们的审美趣味也会随着社会的发展产生观念上的变化，呈现出不同的审美取向和评价标准。因此，对美的评判因人而异、因时而变，各不相同。就如同文物一样，处于远古的"当代"也许是司空见惯的日常用品，但历经千百年的时代变迁，这些"坛坛罐罐"被人以新的审美视野和观念当作了宝贝，趋之若鹜，乐此不疲，反而颇具时尚性。记得二十世纪七八十年代改革开放前后，绿军装、绿军帽曾风靡一时，蔚为时尚，而棉麻面料被认为老土。随着观念的更新，更符合人性自然需求的"老土"材料却又进入了人们的视野，甚至连当年的粗粮窝窝头也被奉为绿色食品。当然，它们都已经过改良，今非昔比了。

　　显然，材料的审美除具有时代特征外，也具有一定的动态特征。

　　（2）材料的地域性与文化性

　　材料的地域性与文化性主要指不同地域的材料的物理差异和由此而形成的使用习性上的差异。材料地域性的差异是由地理、气候、技术等诸多因素形成的，从而形成材料种类的多样化和加工工艺的多样化。以此为基础，不同地域、不同民族、不同生活方式的差异逐步渗入对材料运用的差异中，显现出材料的文化特征。这也正是我们在全球日益国际化的趋势下，寻求文化差异性的有效路径，并从材料的地域性与文化性差异中发掘丰富的设计元素，探索新的材料语言。试想一下，竹材和竹编就具有鲜明的地域性与文化性；而玻璃本体完全工业化，没有差异性，但可以通过艺术加工，创造出具有一定地域特征的图案、样式、色彩，凸显出材料在地域性与文化性方面的审美特质（见图1-1-40）。

图1-1-40

5．材料的依附特性

不可否认，我们进行室内设计的目的就是要创造环境，而创造优美的环境也正是为了人们自身，否则任何设计都毫无意义。室内设计作为一门综合艺术，改变和营造原有无序的环境，以使自然环境与人造环境达到高度的统一、和谐。而材料在室内空间中不可能孤立存在，具有强烈的依附特性，需要通过合理地组织、重构依附于各自不同的实体构件或形态，更需要通过合理的构造与施工工艺体现其"技术美""内在美"，进而充分展现室内空间外在的形式美、材质美、功能美，不能失之偏颇。显然，作为一个完整的室内设计，材料不再是本体的堆砌，而是建筑室内环境不可或缺的有机组成部分（见图 1-1-41）。

图 1-1-40　竹材在空间中具有强烈的地域性
　　　　　　与文化性特征
图 1-1-41　幕墙的玻璃需要合理地依附于构
　　　　　　造与技术的支撑

图 1-1-41

1.1.3 材料的分类

材料的常见分类有很多种，按属性，可分为木材、石材、金属、陶瓷、玻璃、塑料及复合材料等。材料也有其他不同的分类方法，如可分为天然材料和人造材料。这里需要我们掌握各类材料的基本特性，同时需要对材料的具体运用进行实时积累、理性梳理、切身感悟。

1. 按材料形态分类

① 板材。板材一般指石板材、木质基层板或装饰板、金属板、复合装饰板、瓷砖、玻璃等，有时也可将片材归于此类。

② 块材。块材主要指各类砖材，具有一定体积感的石材、木材等。

③ 卷材。卷材主要指地毯、壁纸、织物、膜材等。

④ 线材。线材指各类线性材料及型材，如木质线条、金属装饰线条和结构型材、石膏线条等。

⑤ 涂料。由于涂料呈液体状态，所以其形态只能随所附着的物体而呈现。

可以看出，虽然材料的分类方法不同，但材料的具体种类细分起来相当丰富、异彩纷呈。如何展现材料自身的魅力，并在设计中将不同材料整合成一个和谐的有机整体是我们需要努力的方向。

2. 按装修构造分类

平时我们关注的材料大多是起一定装饰作用的表面材料，由于其暴露在外，会更直接地影响人们的视觉感受，而装修完工后看不到的隐蔽部位的基层材料则经常被人们忽视。对此，从各方面来讲都不可掉以轻心，无论设备功能方面、结构方面，还是防火方面、环保方面，都应该对隐蔽部位所涉及的饰面材料、基层材料、辅助材料予以足够重视（见图1-1-42和图1-1-43）。

图1-1-42 即使简单的墙面也离不开多种不同材料、不同工艺的协作

图1-1-43 顶部的造型处理需要隐蔽工程中多种材料的技术配合

图 1-1-42

图 1-1-43

① 饰面材料。饰面材料主要有板材、块材、卷材、涂料等。

② 基层材料。基层材料也称为基材，包括龙骨、垫层、配件等。

③ 辅助材料。辅助材料一般有黏结剂，防水剂，防火剂，保温、吸音材料，钉子，螺丝等。

3.按使用部位分类

① 墙面材料。墙面材料一般包括涂料、砂浆及清水混凝土、壁纸及墙布、木质饰面板、吸音板、天然及人造石材、瓷砖及马赛克、玻璃、镜面及亚克力、织物及软包、金属及合成材料等。

② 地面材料。地面材料包括涂料、地毯、石材及陶瓷地砖、实木及复合地板、金属及夹层玻璃等。

③ 顶棚材料。顶棚材料包括涂料及轻钢龙骨石膏板、砂浆及清水混凝土、木质饰面板、PVC（聚氯乙烯）板、铝扣板、铝方通、铝垂页、木丝板、矿棉吸音板、软膜、玻璃、壁纸、GRG（玻璃纤维增强石膏板）、GRC（玻璃纤维增强混凝土）等。

依据侧重点不同，材料的分类方法多种多样，具体种类的再细分更是相当丰富、千姿百态。通过分类，可以系统地认知材料，并通过合理运用，展现材料自身的魅力，将不同材料在设计中整合成一个有机整体，这也是我们在室内设计中需要努力的方向。

1.2　施工技术的概念、功能与分类

施工技术是指在现有科学发展成果指导的基础上，运用设备及辅助材料，对主要材料加工、整合的措施和手段。施工技术在不同的工程专业下有着不同的类别，属于一个相对宽泛的实施操作措施的总称。例如，在建筑工程中，通过支模板、绑扎钢筋、浇筑混凝土等一系列操作，把钢筋、水泥、碎石等基础材料变为建筑构件，这个过程就是建筑施工技术运用的过程。

室内设计专业的核心工作就是营造和完善建筑内部空间环境，这就需要施工技术的强有力支撑。在设计构思明确的情况下，借助施工技术对特定材料进行加工、安装、结合等，实现设计意图。所以，室内装饰、装修的施工技术，就是在科技发展的背景下，借助辅助工具、先进设备及工艺程序，对室内空间中涉及的材料加工等诸多环节进行的一系列有目的的操作和整合（见图1-2-1和图1-2-2）。

图 1-2-1　基础改造工程也是不可忽视的重要环节
图 1-2-2　常见的墙面涂料装饰也需要严谨、规范的施工程序

图 1-2-1

图 1-2-2

1.2.1 施工技术与室内设计专业的关系

施工技术是实现室内设计目标的手段，室内设计如果缺乏施工技术的支撑，则无法使设计创意得以有效的展现。与材料在室内设计中的作用一样，施工技术也是专业基础的重要环节，是室内设计专业不可或缺的组成部分，熟悉并掌握施工技术知识，有助于精确、完整地实现期望达到的设计效果，是设计师设计能力的重要体现。施工技术与材料及构造之间的关系是最为密切的，室内设计通过材料表达设计构思，必须通过合理而有效的构想方法和施工技术，否则材料的特性不能发挥，将直接影响设计创意预期的效果。

室内设计中使用的材料是多种多样的，如何把这些材料变为设计师所需要的外化形式，如造型、质感、颜色等，就需要运用与室内设计专业相关的施工技术来加以实现。

合理地运用规范、先进的施工技术，能达到事半功倍的效果，在项目造价、工期、最终的质量方面，都与施工技术有着千丝万缕的联系。室内设计项目最终的视觉形式是由材料所承载的，但与材料相关的施工技术也是事实存在的，施工技术的不同选择、选择数量的多少、对施工技术的具体要求都会直接影响设计项目中材料的表现，影响设计项目施工造价的额度。

随着科学的进步，施工技术的发展也是日新月异的，如早期安装木质材料时，人们普遍使用榔头钉钉子，而现代气钉枪的应用，在施工速度与牢固性等方面均有着不可替代的优势。又如，3D打印和全息排版是近几年的新型施工技术，改变了人们原有的对材料的加工与控制。

可以说，室内设计专业活动离不开施工技术本身，离不开对装修构造和施工技术的深入了解。基于人们运用各种物质材料对室内空间的营造与创新，若没有施工技术的支撑，室内设计的材料应用则无从谈起。显然，作为设计师，我们需要了解并熟悉施工技术。

1.2.2 施工技术的功能

施工技术的本质作用就是依据设计意图对材料进行处理，是得以展现预期构想的手段，是功能与形式实现的基础，在起到发挥材料特性、保证工程质量和降低综合造价作用的前提下展现着其特有的审美功能。

1. 合理运用材料，发挥材料特性

施工技术主要通过对材料的恰当处理，展现材料特有的细部工艺和美感。材料在不同的施工技术处理下，有着不同的特征表达。例如，同样是原木材料，对其进行旋切、弦切，所呈现的木材纹理区别较大；同样是饰面铜板，对表面

进行拉丝或镜面处理，视觉效果会大相径庭。这就是施工技术所具有的使同一材料展现不同特征的功能。

2．保证工程质量，降低综合造价

当室内设计通过材料的媒介传达时，便需要对施工技术的选择做深入而理性的思考。结合每一个设计项目的不同背景，可以通过不同的施工技术来调整，随之也会体现出不同的综合造价。例如，在北方地区，冬天的寒冷限制了土建施工的开展，混凝土在露天条件下无法实施，而采取加入防冻剂的施工技术措施，就可以正常进行混凝土的施工作业，缩短施工周期，产生经济效益。又如，可再次利用的装配式施工措施，可以使得室内装饰构件重复再利用，极大地降低了施工的投资额度。

3．合理运用技术，展现技术美学

施工技术在对材料进行有效处理的同时，所显露出的痕迹是能够被人感知的。例如，北京三里屯苹果专卖店的外墙铝板，我们在关注铝制材料的魅力的同时，也不得不对其平整的裁切工艺、精确的安装水平所折服。这离不开施工技术对材料、构造、建筑构件的创新运用，使材料美和技术美得到有机统一。

1.2.3　施工技术的分类

施工技术的庞杂决定了其分类方式多种多样。根据对材料的处理措施的重点不同，可以分为对材料本身的处理和对材料构造的技术措施两种类型。

① 依据材料本身处理的施工技术。常见的如对石材进行切割工艺、抛光工艺等。

② 依据材料品种的施工技术。它包括瓷砖粘贴、金属铆接、石材干挂、墙面涂料涂刷、铝板天花安装、GRG 施工技术等。

③ 依据工种进行的施工技术。它可分为油工负责油漆涂料类的施工技术、木工负责木质类的施工技术、电工负责布线及末端安装的施工技术、瓦工负责砌筑或瓷砖粘贴的施工技术等。

④ 依据室内施工部位的施工技术。它可以分为地面施工技术、墙面施工技术、顶棚施工技术，以及柜体、门窗、楼梯、隔断施工安装技术等。

室内设计专业所运用的材料是多样化的，自然界可以被利用的材料在设计活动的组织下都会被合理地运用到室内空间环境中。当我们在使用材料时，势必对其进行适当的加工和处理，还会对不同材料之间的交接搭配进行合理的组织，以展现其细部特征。例如，回到室内设计思考的原点，设计终究是对物的利用和操作，并通过施工技术对材料进行有目的的转变。基于这个过程，材料的特性决定了我们应选择哪种类型的施工技术。

显然，施工技术的种类是多种多样的，从不同的出发点对施工技术进行分类是为施工技术与室内设计专业更好地整合做准备。设计师的设计创意总是要落地实施的，没有行之有效且合理的施工手段，室内设计不可能呈现出良好的设计效果。本着这一点，将施工技术纳入室内设计专业基础知识中，也是对室内设计师综合素质的基本要求。

1.2.4 家装与公装、陈设与软装的概念界定

这里有必要厘清几个概念。目前，社会上甚至业内频频出现一个词汇——"工装"，它在特定的语境下与"公装"混同出现。尽管两者发音相同，但"公装"的寓意为"公共空间装修工程"；"工装"应该是"工程装修"的简称，显然，"家装"也属于工程装修的范畴。所以"工装"并非仅指公共空间装修工程，从学理层面上来看，似乎"公装"应比"工装"更为贴切，对应"家装"也符合逻辑。

"软装"这个词近几年也颇为流行，其所涉及的设计范畴大家似乎也都清楚，但从学术层面上来看，"软装"的使用并不严谨。我们知道，一幢建筑的主体结构施工完成后，室内空间仍然无法满足基本的功能要求，室内的墙、顶、地等界面仍裸露着结构材料（如砖石、混凝土、木材、钢材之类）的本色，室内必需的采光照明、采暖空调、吸音隔热、冷热水处理、网络通信等设备也均未到位，即该建筑处于常说的毛坯房状态。室内装修工程就是通过完善各种基础设施，使用适合人的不同需求和审美的各种材料，并通过合理的构造方式及施工技术，对室内界面和不可随意移动的装饰构件、固定配置进行塑造的实施过程。另外，也可以这样理解：如果把一个已经装修完成的功能齐备、视觉优雅的室内空间给头朝下翻转过来，凡是那些不会掉下来的固定部分，都属于装修工程的实施范畴；而那些容易"掉下来"的、活动的部分便是家具、窗帘、灯具、绿植、艺术品等，也就是俗称的"软装"。显然，"软装"所涉及的不仅仅是那些窗帘织物等"软"的东西，从严格意义上来讲，应以"陈设"代替"软装"较为严谨。

可以确信，"软装"只是室内空间环境不可分割的重要组成部分，但当下似乎成了一个独立的行业门类，这种游离于室内设计整体以外的做法更有违室内设计体系的逻辑关系。"存在就是合理"在此并不成立，从事室内设计的我们不应以讹传讹、随波逐流。

1.3　以材料与施工技术为基础的室内空间构造

无论室内还是室外，都不可避免地会受到日晒、水淋、腐蚀、风吹或周围有害污染物的侵蚀和影响。装修，可以保护建筑主体，增强耐久性；可以对室内空间的温度、湿度、采光、声响等进行调节；可以抵御有害物质的侵扰；还可以使空间产生特定的艺术气息和风格，给人带来精神上的愉悦。因此，装修的概念是指保护结构及维护面，改善建筑环境原有的物理性能，提高环境效益和使用质量，创造某种艺术氛围。

1.3.1　材料与空间构造

我们进行室内设计的目的就是要创造环境，而创造优美的环境也是由于人们自身所需求的，否则任何设计都毫无意义。室内设计作为一门综合艺术，也是为了营造和改善环境，这种环境本该是自然环境与人造环境的高度统一与和谐。

基于室内设计专业主要是对于空间处理研究这一特征，室内项目实施的起点终究要回归于对空间的物理营造层面，而室内空间的构成元素便是构成物理空间的最小单元，我们称之为室内空间构造单元，如楼梯、吧台、背景墙、壁纸饰面、地面拼花等。构造单元自成体系，但因为室内空间是综合的，构造单元相互之间也是有交接与对话的。基于此，室内空间的建立不可以单独对其构成单元进行关注，要从一个整体角度来考虑最基本单元自身及其相互之间的有机关系，我们姑且把这两方面统称为室内空间构造。

宏观意义上的构造是指众多单个构造单元的本身及其相互关系。例如，造型天花、墙面背景、石材地面、地毯地面都属于单独的构造单元，但它们在同一空间中或不同的构造单元之间是有联系的，如石材和瓷砖两种构造单元，虽然材质相近，但材料质感本身存在差异化，所以它们只能以主次搭配，而非并列使用。

微观意义上的构造是指构造单元自身，如石材地面的详细用材和施工技术、吧台所用的材料和施工技术、用什么材料、如何连接、如何组合等。但这只是微观意义上的一部分，除此之外，微观意义上的构造还关注单个构造单元之间的衔接方式，如地面与墙面的交接处理、墙面的石材饰面构造单元与电梯门套构造单元的交接处理等，这与宏观意义上的构造形态又存在不同层面的关注点。

谈到构造，不可避免地涉及室内空间的细部处理，我们既要关注室内空间的整体效果，又要重视空间中材料的细部形式和处理方法。因此，材料的构造与细部处理对室内整体空间的特色追求和人对空间的细部体验起着十分重要的作用。就像前面提到的，我们常见的乳胶漆墙面，其构造细部给人的感觉是色彩纯净、形式简洁，需要挺括的基底构造；木材的质感纹理自然、亲切宜人，就需要突出其易加工的构造特征；石材、玻璃、陶瓷等光挺、洁净，对空间效果影响大，就需要处理好材料与界面的比例和尺度问题，对接缝的处理方法和与基层的连接方法就显得尤为重要；金属材料相对冷峻、光挺，形成的构件造型和构造的工艺美感就容易突出其细部特征；织物面料柔软细腻、图案丰富、附着性强，需要处理好材料自身的选择和与之相邻材质的过渡交接问题（见图 1-3-1 ~ 图 1-3-6）。

图 1-3-1

图 1-3-2

图 1-3-3

图 1-3-1　天然石材马赛克可以营造出丰富、
　　　　　自然的地面效果

图 1-3-2　以不同形态和光泽构成的不锈钢
　　　　　饰面效果需要经过精致的构造处
　　　　　理来呈现

图 1-3-3　亚光不锈钢扶手的构造和工艺令
　　　　　人感到细腻而亲切

图 1-3-4　居住空间需要相应的材料组合和
　　　　　构造

图 1-3-4

图 1-3-5

只有掌握了材料及施工技术与室内空间中构造的相互关系和规律，才能更有效地进行设计表达，才能更合理地进行施工实施。而认识到构造与室内设计的关系，才可以由内而外、由表及里、由整体到局部、由局部再回到整体地把握以材料与施工技术为基础的室内空间构造的逻辑关系，对系统把控室内专业设计定会大有裨益。这正是我们设立此课程的目标，同时也是我们迫切需要解决的薄弱环节。因此，学好本课程对室内设计专业基础的培养和设计体系的建立至关重要。

图 1-3-5　两侧扶手的不同做法带来的不仅是视觉感受，更离不开合理的构造处理和施工技术

图 1-3-6　材料只有被赋予有特点的形态，方可彰显出鲜明的风格特色

图 1-3-6

1.3.2 构造与施工技术

材料、构造在室内设计中固然重要，却离不开施工技术的支撑和相关专业（如给排水、采暖通风、电气、消防等）的配合。设计时，必须考虑这些因素，既要构造合理，也要技术到位（见图 1-3-7 和图 1-3-8）。

图 1-3-8

图 1-3-7

图 1-3-7　装修施工前的顶部隐藏着各种管线，设计时不可回避

图 1-3-8　大体积的风管必定会对吊顶标高的确定产生影响

不可否认，近年来施工技术虽有大幅度提升，但面临着国家城市化发展，大量建设项目都在快速上马，势必导致质量问题频频出现。中国国内施工技术与国外先进的施工技术之间肯定会存在差距，只有通过向国外高水平的先进技术不断学习、借鉴，室内设计师、建设者才能找到差距，并促使我们相对比较粗放型的施工技术不断进步。当然，事实上近年来在这方面也确实进步不小。

如同设计一件服装，风格、款式尽管新颖独特，但若裁剪、针脚不讲究，粗制滥造，同样也不能被称为一件成功的服装设计作品。可见，离开了技术的支撑，一切室内设计创意，包括材料运用都无法得到充分展现。试想，中国国家大剧院的"水蛋"造型，如果没有一定的技术保障，其超大尺度无柱的空间形式恐怕很难得以体现；进一步说，即使建筑"立"了起来，但如果焊缝极不规整、防水工程不到位，致使建筑四周的水面频频漏水，势必会影响国家大剧院的整体效果和细部品质。又如，一个漂亮的写字楼，倘若内部空间冬冷夏热，又无法上网，相信你很难还会留恋此类空间。

显然，材料自身的特性不仅决定了一定的材料加工技术工艺，而且决定了一定的设计方法和艺术表现风格。我们不但要了解常用的，甚至司空见惯的装修构造及细部处理方法，更应该在此基础上进行细部的创新设计，以推动设计创新意识和施工技术的整体发展。

1.3.3　室内空间构造的基本类型

构造在室内设计中的形式多样，从安装加工方法上讲，可系统地归纳为饰面式构造和装配式构造。

1. 饰面式构造

饰面式构造一般是经设计处理的、具有特定形式的覆盖物，对建筑原基础构件进行保护和装饰，是针对特定部位或者空间的一次性固定构造单元或者多个构造单元的合理组合。例如，轻钢龙骨石膏板墙面上贴壁纸的构造形式就是典型的饰面式构造。其特征是不可进行完整的拆卸后再安装或再利用，主要是处理饰面和结构构件表面两个面的连接构造方法。例如，在墙面上做软包处理，或在楼板下做吊顶处理等，均属于饰面式构造。墙面与软包饰面、楼板与吊顶或木地板之间的连接，都是处理两个面结合的构造关系。

（1）饰面的部位及特性

饰面附着于结构构件的表面，随着构件部位的变化，饰面的部位也随之变化。例如，吊顶处于楼板下方，墙饰面可位于其两侧。吊顶、墙饰面应有防止脱落的基本要求，同时在特定条件下也具备对声音的反射或吸收、保温隔热、和隐蔽设备管线的作用。

（2）饰面式构造的基本要求

饰面式构造应解决以下三个问题：

① 牢固性。饰面式构造如果处理不当，面层材料与基层材料的膨胀系数不一，粘贴材料选择有误或老化，可能会使面层容易出现脱落现象。因此，饰面式构造的要求首先是饰面必须附着牢固、可靠。

② 层次性。饰面的厚度与层次往往与坚固性、构造方法、施工技术密切相关。因此，饰面式构造要求进行逐层施工，增强加固构造措施。

③ 均匀性。除了附着牢固、可靠外，饰面还应均匀、平整，尤其是隐蔽构造形式，否则很难获得理想的设计效果。

（3）饰面式构造的分类

饰面式构造可分成三类，即罩面类构造、贴面类构造和钩挂类构造。

① 罩面类构造。罩面类构造是指常见的油漆、水性涂料或抹灰等，通过基层处理附着于构件。

② 贴面类构造。贴面类构造通常是指铺贴（墙地面各种瓷砖、面砖通过水泥砂浆粘贴或铺贴）、胶粘（饰面材料以 5 mm 以下的薄板或卷材居多，如壁纸、饰面板等可粘贴在处理后的基层上）、钉嵌（玻璃、金属板等饰面板可直接钉固于基层，或钉胶结合，或借助压条等）。

③ 钩挂类构造。此种情况主要是指墙面安装较重的天然石材或人造石材。一种是较为落后的传统湿贴法（也称灌浆法）；另一种则是目前常用的干挂法（也称空挂法）（见图 1-3-9）。

图 1-3-9

图 1-3-9　设计时应注意石材干挂后与结构墙体之间存在较大的空隙

2．装配式构造

装配式构造能减少现场作业，在当下室内项目中的应用愈加广泛。例如，橱柜、衣柜、门窗等都可以经过丈量尺寸后，在工厂进行专业加工制作成"半成品"，然后运回施工场地进行安装调试。

装配式构造的配件成型方法分为三类：

一是塑造法。用水泥、石膏、玻璃钢等制成各种造型或构件；用金属浇铸或锻造成各种金属装饰造型（如栏杆、花饰等）。

二是拼装法。利用木材或密度板等人造板材可加工、拼装成各种局部造型；金属材料也具有焊、钉、铆、卷的拼装性能；另外，铝合金、塑钢门窗也属于加工、拼装的构件。拼装法在室内装饰工程中极为常见。

三是砌筑法。玻璃制品（如玻璃砖等）、陶瓷制品以及其他合成块材等，通过黏结材料胶结成一个整体，形成一定组合的装饰造型。

当然，从连接方式来看，对构造也有其他分类方法，即分为固定式构造和可拆装式构造。

一是固定式构造，一般是指针对特定部位或者空间的一次性固定构造单元或者多个构造单元的组合。例如，轻钢龙骨石膏板墙面上贴壁纸的构造形式就是典型的固定式构造。其特征是不可进行完整的拆卸后再安装或再利用，俗称一次性"成活儿"。

二是可拆装式构造，顾名思义，就是可以进行拆装的构造结构，甚至可以进行二次或者多次利用。例如，高晶板吊顶系统，可以满足多次拆装的需求，甚至可以将其构造单元整体完整地拆下，直接运用到其他可需要的空间。不论哪种构造，在实际操作过程中，均宜遵循相辅相成、灵活交叉的原则。

通过对本章内容的学习，我们初步了解了室内设计中的材料、施工技术及其功能和基本分类，明确了由材料结合施工技术的室内空间构造的概念和形式，目标是充分理解室内设计专业虽专注对空间的营造，却离不开材料和施工技术的支撑；而在室内设计专业中运用材料和施工技术，需要从构造角度出发，由材料结合施工技术形成的室内空间构造才是空间塑造呈现理想效果的技术保障。

练习题

1. 材料都有哪些功能和种类？
2. "装修"的概念是什么？
3. 何谓"构造"？
4. 构造分为几种类型？
5. 你如何认识材料与构造及施工技术的关系？
6. 你对本课程有何认识？

学习目标

通过课程学习和专业网站，要求掌握各种材料的基本特性，并对一些新型材料有一定认识；了解各种材料施工的基本程序。

学习重点

各种材料的基本特性和相关施工工艺。

学习难点

由于材料品种繁多，对各种材料的真正掌握很难一蹴而就，需要循序渐进，需要对材料在设计中的具体运用手法多观察、多体会，而其运用方法并无标准答案；对施工技术和工艺的深入了解需要时间积累，加强施工现场的体验和感受。

2.1　石材类

石材包括天然石材和人造石材两大类。天然石材作为结构材料来说，具有较高的强度、硬度和耐磨、耐久等优良性能，而且天然石材经表面处理后，可以获得较好的装饰性，对建筑及室内空间起到保护和装饰作用。近年来发展的人造石材在材料加工生产、装饰效果和产品价格等方面都显示出其优越性，成为一种颇具发展前途的装饰材料。

2.1.1　石材的基本知识

1．石材的来源与特点

石材按形成条件可分为火成岩、沉积岩和变质岩。

（1）火成岩

火成岩是地壳内部岩浆冷却凝固而成的岩石，是组成地壳的主要岩石。按地壳质量计，火成岩占89%。由于岩浆冷却条件不同，因此所形成的岩石具有不同的结构性质。根据岩浆冷却条件，火成岩又分为深成岩、喷出岩和火山岩三类。

（2）沉积岩

沉积岩是露出地表的各种岩石（火成岩、变质岩及早期形成的沉积岩），在外力作用下，经风化、搬运、沉积、成岩四个阶段，在地表及地下不太深的地方形成的岩石。其主要特征是呈层状，外观多层理和含有动、植物化石。沉积岩仅占地壳质量的5%，但其分布极广，约占地壳表面积的75%，因此，它是一种重要的岩石。常用的沉积岩有石灰岩、砂岩和碎屑石等。

（3）变质岩

变质岩是地壳中原有的岩石（包括火成岩、沉积岩和早期生成的变质岩），由于岩浆活动和构造运动的影响，原岩变质（再结晶，使矿物成分、结构等发生改变）而形成的新岩石。按地壳质量计，变质岩占65%。常用的变质岩有大理岩、石英岩和片麻岩等。

2. 石材的加工

从采石场采出的天然石材荒料，或大型工厂生产出的大块人造石基料，需要按用户的要求加工成各类板材或特殊形状的产品。石材的加工一般有锯切和表面加工。

锯切的板材表面质量不高，需进行表面加工。表面加工要求有各种形式，如粗磨、细磨、抛光、火焰烧毛和凿毛等。其中，抛光是石材研磨加工的最后一道工序。完成这道工序后，石材表面将具有最大的反射光线的能力和良好的光泽度，石材固有的花纹色泽也能最大限度地显现出来。

烧毛加工是将锯切后的花岗板材，利用火焰喷射器进行表面烧毛，使其恢复天然表面。烧毛后的石板先用钢丝刷刷掉岩石碎片，再用玻璃碴和水的混合液高压喷吹，或者用尼龙纤维团的手动研磨机研磨，以使表面色彩和触感都能满足要求。但需要注意的是，火焰烧毛不适用于大理石和人造石材。

经过表面加工的大理石、花岗石板材一般需要切割成一定规格的成品。

当然，把石材加工成颜色各异、大小不一的小石子或小石块，也可以在设计中进行巧妙的运用，往往会取得意想不到的效果（见图2-1-1和图2-1-2）。

图 2-1-1

图 2-1-2

图 2-1-1　黑白相间的细石子同样可以诠释新的语义

图 2-1-2　经过烧毛处理的花岗石表面具有微妙的凹凸质感

2.1.2　常用的天然石材

1. 大理石

(1) 大理石的组成与化学成分

大理石是由石灰岩和白云岩在高温、高压下矿物重新结晶变质而成的石材。它的结晶主要由方解石或白云石组成，具有致密的隐晶结构。纯大理石为白色，称为汉白玉。如果在变质过程中混进其他杂质，就会出现不同的颜色与花纹、斑点，如含碳的呈黑色，含氧化铁的呈玫瑰色、橘红色，含氧化亚铁、铜、镍的呈绿色，含锰的呈紫色等。大理石的主要成分是碳酸钙，其含量为 $50\% \sim 75\%$，呈弱碱性。有的大理石含有一定量的二氧化硅，有的不含有二氧化硅。大理石颗粒细腻（指碳酸钙），表面条纹分布一般较不规则，硬度较低。空气和雨中所含酸性物质及盐类对它有腐蚀作用。除个别品种（如汉白玉、艾叶青等）外，它一般只用于室内。

从采石场开采的大理石石块称为荒料，经锯切、磨光后，制成大理石装饰板材。大理石天然生成的致密结构和色彩、斑纹、斑块可以形成光洁、细腻的天然纹理。

(2) 大理石的品种

天然大理石石质细腻、光泽柔润，具有很高的装饰性。我国所产的大理石依其抛光面的基本颜色，大致可分为白、黄、绿、灰、红、咖啡、黑色七个色系。每个色系依其抛光面的色彩和纹理特征，又可分为若干亚类，如汉白玉、松香黄、丹东绿、杭灰等。大理石的纹理、结晶粒度的粗细千变万化，有山水型、云雾型、雪花型、图案（螺纹、柳叶、古生物）型等（见图 2-1-3）。目前应用较多的有以下三类。

① 单色大理石。单色大理石，如纯白的汉白玉、雪花白、米黄等，是墙面装饰的重要材料，也用作各种台面。

② 云纹大理石。单色大理石以底色作为底面，上面常有天然云彩状纹理或水波纹。云纹大理石的纹理美观大方、加工性能好，是饰面板材中使用较多的品种。

③ 彩花大理石。彩花大理石是薄层状结构，经过抛光后，呈现出各种色彩斑斓的天然图画。

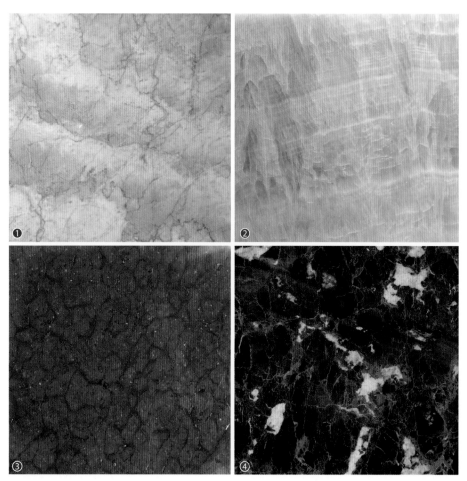

图 2—1—3

图 2—1—3 大理石的色彩和纹理丰富多样

图 2-1-4

图 2-1-5

（3）大理石的结构特征

大理石的产地很多，世界上以意大利生产的大理石最为名贵。大理石板材对强度、容重、吸水率和耐磨性等不作要求，以外观质量、光泽度和颜色花纹为评价指标。天然大理石板材根据花色、特征、原料产地来命名。

（4）大理石的性能与应用

各种大理石的自然条件差别较大，其物理力学性能有较大差异。天然大理石质地致密，但硬度不大，容易加工、雕琢和磨平、抛光等。大理石抛光后光洁细腻，纹理自然流畅，具有很高的装饰性。大理石吸水率小，耐久性高。

天然大理石板材常用于大型公共建筑，如宾馆、展厅、商场、机场、车站等室内墙面、地面、楼梯踏板、栏板、台面、窗台板、踏脚板等，也用于室内外家具。

2.花岗石

（1）花岗石的组成与化学成分

花岗石以石英、长石和云母为主要成分。花岗石为全结晶结构的岩石，常呈整体均粒状结构。按结晶颗粒大小，可分为细粒、中粒、粗粒及斑状等多种。其构造致密，强度和硬度极高，属酸性岩石，具有良好的抗酸碱和抗风化能力。花岗石的二氧化硅含量较高，属于弱酸性岩石。某些花岗石含有微量放射性元素，这类花岗石应避免用于室内。

（2）花岗石的种类及性能

天然花岗石制品根据加工方式的不同，可分为以下四类。

① 剁斧板材。剁斧板材是将石材表面经手工剁斧加工，使其表面粗糙，具有规则的条状斧纹。其表面质感粗犷，用于防滑地面、台阶、基座等（见图 2-1-4）。

② 机刨板材。机刨板材是将石材表面机械刨平的板材。其表面平整，有相互平行的刨切纹，用途与剁斧板材类似，但表面质感更为细腻（见图 2-1-5）。

图 2-1-4　左侧石材为剁斧板材质感

图 2-1-5　带有细细凹槽的机刨板材

③ 粗磨板材。粗磨板材是将石材表面经过粗磨的石材。其平滑、无光泽，主要用于需要柔光效果的墙面、柱面、台阶、基座等。

④ 磨光板材。磨光板材是将花岗石表面经过精磨和抛光加工的石材。其表面平整、光亮，花岗岩晶体结构纹理清晰，颜色绚丽多彩，用于需要高光泽、平滑表面效果的墙面、地面和柱面（见图2-1-6）。

图2-1-6

图 2-1-6　地面石材体现出不同品种、不同光泽的组合关系

图 2-1-7　司空见惯的材料关键要有富有创意的组合

图 2-1-7

花岗石结构致密，抗压强度高，吸水率低，表面硬度大，化学稳定性好，耐久性强，但耐火性差。花岗石板材根据花色、特征和原料产地来命名，最常见的是不同颗粒的灰麻、白麻，以及各种色系，如黑色系（蒙古黑、丰镇黑、黑金沙等）、红色系（中国红、印度红等）。

3. 天然文化石

天然文化石包括板岩、砂岩板、石英板等。它们是自然界中经亿万年地壳运动而形成的，是一种天然艺术品。它具有强度高（其抗折程度是花岗石的数倍），抗压强度、肖氏硬度和耐磨率介于花岗岩和大理石之间，更具有吸水率低、耐磨率高、不易风化、耐火、耐寒等优点。岩石表面结构致密、色彩丰富，有独特的天然纹理和肌理。此类材料若使用恰当，会烘托空间的情调和趣味；但如果选择不合理，缺乏创新意识，则会形成审美疲劳，使天然文化石显得极没"文化"。下面介绍几种常见的天然文化石。

（1）板岩

板岩拥有一种特殊的层状片理，纹理清晰、质地细腻、气质脱俗，在喧嚣的都市中给现代的构件披上自然的外衣，淡雅而古朴，表达了一种返璞归真的情趣（见图 2-1-7）。

板岩也是一种沉积岩。形成板岩的页岩先沉积在泥土床上，后来地球的运动使这些页岩床层层叠起，激烈的变质作用使页岩床折叠、收缩，最后变成板岩。板岩的成分主要为二氧化硅，其特征是可耐酸。板岩多以石板的形式应用在装饰中，其颜色多以单色为主，如灰色、黄色、绿灰色、绿色、青色、黑色、褐红色、红色、紫红色等，由于其颜色单一、纯真，从装饰上来说，给人以素雅大方之感。板岩一般不再磨光，显出自然形态，形成了自然美感。板岩的尺寸为 100 mm×200 mm、300 mm×600 mm；厚度为 10～16 mm、15～20 mm。

（2）锈石

锈石应属于花岗石范畴，其绚烂的色彩、多变的图案自然、神秘、浪漫，具有暖色的亲和力，延续了户外的大自然情怀，营造出一种悠然、轻松的氛围，但使用时要注意合理搭配，否则只会起负面作用。锈石的表面可磨光、烧毛、剁斧、机刨，表面处理的方式不同，其效果也会不同。例如，前面提到的剁斧板材和机刨板材都是用锈石加工而成的。

（3）砂岩

天然砂岩是不同于大理石和花岗石的一种石材。砂岩又称砂粒岩，是由于地球的地壳运动，砂粒与胶结物（硅质物、碳酸钙、黏土、氧化铁、硫酸钙等）经长期巨大压力压缩、黏结而形成的一种沉积岩。砂岩中的石英成分占 65% 以上。砂岩的颗粒均匀、质地细腻、结构疏松，因此吸水率较高（在防护时的造价较高），具有隔音、吸潮、抗破损、耐风化、耐褪色、在水中不溶解、无放射性等特点。需要注意的是，砂岩砂石不能磨光，属亚光型石材，不会产生因光反射而引起的光污染，也是一种天然的防滑材料。

从装饰风格来说，砂岩可创造一种暖色调的风格，显得素雅、温馨，又不失华贵大气。在耐用性上，砂岩则绝对可以比拟大理石、花岗石，它不会风化、不会变色，常用于室内外墙面装饰。但由于其渗水性较高，所以即使做了防水处理，也最好用于室内空间。常见的有白砂岩、黄砂岩、木纹砂、山水纹砂等品种。砂岩的尺寸为 100 mm×250 mm、600 mm×900 mm；厚度为 12～20 mm、15～25 mm 或 20～30 mm。

（4）蘑菇石

蘑菇石是对不同石材采用特殊的加工方法创造出来的，因凸出的装饰面如同蘑菇而得名，也可称为馒头石。它粗犷的外表具有古城堡般的厚重，凝重而奔放，给人带来怀旧的情感。蘑菇石常用在室外，当然也可用于室内（见图2-1-8）。通常蘑菇石的尺寸为 100 mm×200 mm、100 mm×250 mm、150 mm×300 mm、200 mm×400 mm；厚度为 20～30 mm、30～40 mm。

图 2-1-8　❶蘑菇石具有古朴粗犷的表面质感
❷以一定比例关系的蘑菇石来契
合空间的尺度

图 2-1-8

（5）卵石

卵石是近年来又重新焕发青春的普通材料。它大大丰富了设计手法，拓展了使用范围，阐释了新的视觉语言。卵石表面圆滑，可利用堆砌或黏结方式施工，一般用于地面或墙面。卵石使用前必须先经挑选，将粒径基本相同的放在一起，便于用来拼成各种图案（见图2-1-9）。卵石按粒径，分为小卵石（9～30 mm）、中卵石（30～90 mm）、大卵石（90 mm以上）。

图 2-1-9

图 2-1-10

卵石地面或墙面的基层为水泥砂浆或豆石混凝土，其上按图案码放卵石，待黏结牢固后，将卵石的缝隙用水泥砂浆沟灌密实，使卵石上表面外露 5～10 mm。卵石的合理运用可以获得清新、自然的效果。

（6）洞石

洞石是因石材的表面有许多孔洞而得名的石材，其学名是凝灰石或石灰华。洞石本身的密度比较高，这里暂且将其归到天然文化石的范畴，市场上一般将其归为大理石。之所以不称它为大理石，是因为它的质感和外观与传统意义上的大理石截然不同，也因为其存在大量孔洞使得石材密度偏低、吸水率升高、强度下降，因此其物理性能指标还是低于正常的大理石标准（见图 2-1-10）。

洞石一般有白洞石和米黄洞石之分，颜色有深、浅两种，色调以米黄色居多，使人感到文雅自然、质感丰富、纹理细腻，带有浓郁的人文韵味，被世界上许多建筑使用。最能代表罗马文化的建筑——角斗场就是使用洞石建造的杰作。由美国贝聿铭建筑事务所设计的、位于北京西单路口的中国银行大厦的内外界面装修就选择了意大利罗马洞石，共用了 20 000 m² （见图 2-1-11）。北京新保利大厦也选用了浅黄色罗马洞石（见图 2-1-12）。

前面介绍了各类不同的天然石材，可以发现，石材的不同规格、质感和比例关系会产生不同的视觉效果，也会形成不同的细部特征（见图 2-1-13）。

图 2-1-11

图 2-1-9　卵石常作为强化室内空间的趣味性元素

图 2-1-10　洞石的视觉细部

图 2-1-11　北京西单路口的中国银行大厦中庭采用了意大利罗马洞石

图 2-1-12

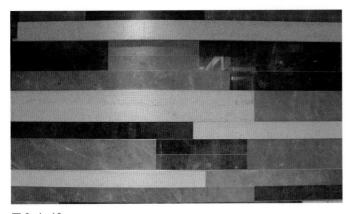

图 2-1-13

图 2-1-12 北京新保利大厦也大量使用了罗
马洞石作为墙面装饰
图 2-1-13 石材的不同规格、质感和比例关
系形成丰富的细部特征

2.1.3　人造石材

随着现代室内设计行业的发展，对材料提出了轻质、高强、美观、多品种的要求。由于天然石材的加工成本高，并且浪费自然资源，人造石材便成为替代天然石材的理想材料。人造石材是仿天然石，其外观与天然石相似，多采用无机颜料着色，质感丰富、色彩多样，能有千种以上的不同变化。人造石材具有重量轻、强度高、装饰性强、耐腐蚀、耐污染、生产工艺简单以及施工方便等优点，因而得到了广泛应用。

人造石材按照使用的原材料，可分为四类：水泥型人造石材、树脂型人造石材、复合型人造石材及烧结型人造石材。

1．水泥型人造石材

水泥型人造石材是以各种水泥为黏结剂，以砂为细骨料，以碎大理石、花岗石、陶瓷废渣及工业废渣等为粗骨料，经配料、搅拌、成形、加压蒸养、磨光、抛光而制成的装饰板材，它较好地利用了再生材料。水泥型人造石材其实就是极为常见的水磨石。不能武断地把水磨石理解为低档材料，运用到位时它也极具品位，国外很多优秀作品使用这种材料也并不鲜见。

2．树脂型人造石材

树脂型人造石材多是以不饱和聚酯为黏结剂，与石英砂、大理石、方解石粉等按一定比例配合后，经搅拌混合，浇铸成形，经固化、脱模、烘干、抛光等工序制成的石材。目前，国内外人造石材以聚酯型为多。这种聚酯的黏度低，易成形，常温下即可固化。其产品光泽性好，颜色鲜亮，可以调节，且重量轻、强度高、耐腐蚀、耐污染、施工方便。

3．复合型人造石材

复合型人造石材是以无机材料和有机高分子材料复合组成的石材。这种材料是用无机材料将填料黏结成形后，再将坯体浸渍于有机单体中，使其在一定条件下聚合。对板材而言，底层用低廉而性能稳定的无机材料制作，面层用聚酯和大理石粉制作。

4．烧结型人造石材

烧结型人造石材的生产工艺与陶瓷的生产工艺相似，是将斜长石、石英石、辉石、石粉及赤铁矿粉和高岭土等混合，一般是用 40% 的黏土和 60% 的矿粉制成泥浆后，采用注浆法制成坯料，再用半干压法成形，经 1 000 ℃ 左右的高温焙烧而成的。微晶石是烧结型人造石材的一种典型代表。

在上述四种人造石材中，以树脂型人造石材最常用，其物理、化学性能最好，花纹容易设计，有重现性，有多种用途，但价格相对较高；水泥型人造石材应用也很普遍，但其抗腐蚀性能不甚理想，容易出现微裂纹，只适于做普通装饰板材（见图2-1-14）。

石英石。石英石也属于人造石材的范畴，它是一种由90%以上的石英晶体加上树脂及其他微量元素人工合成的新型人造石材；石英石板材则是采用石英晶体和碎玻璃制造而成的。石英石板材的优点是硬度很高、色彩丰富、安全无毒，主要体现于耐磨、耐热、耐污染、耐刮划、无辐射、不易断裂，目前常用于厨卫的台面，也可用于大面积铺贴墙面和地面。但其硬度太高，不易加工，造价也较高。常见石英石板材的厚度为 20 mm、15 mm。

微晶石。微晶石也可理解为一种常见的人造石材。它是在与花岗岩形成条件相似的高温状态下，通过特殊的工艺烧结而成的。其结构非常致密，光泽度、耐磨度、硬度高，抗压、抗弯、耐冲击等性能都优于天然花岗石和大理石，更没有天然石材常见的细碎裂纹。

图 2-1-14

图 2-1-14　厨房台面的人造石可以塑造出天然石材的视觉效果

图 2-1-15　用微晶石制作的楼梯

　　微晶石可以根据使用需要产生出丰富多彩的色调（尤以水晶白、米黄、浅灰、白麻四个色系最为常见），同时，又能弥补天然石材色差大的缺陷。微晶石的产品广泛用于宾馆、写字楼、车站和机场等内外装饰，也适于家庭装修，如墙面、地面、楼梯、装饰板等（见图 2-1-15）。

图 2-1-15

微晶石作为化学性能稳定的无机质晶化材料，又包含玻璃基质结构，其耐酸碱度、抗腐蚀性能都优于天然石材，尤其是耐候性更为突出，即使长期经受风吹日晒，也不会褪光，更不会降低强度。微晶石的吸水率极低，染色溶液不易侵入、渗透，依附于表面的污物也很容易被清除擦净，方便清洁维护。

由于微晶石的制作已经人为地剔除了任何含辐射性的元素，因此它可称得上较为安全的绿色环保型材料。但由于微晶石的硬度太高，且有微小气泡孔，所以不利于小规格切割和翻新研磨处理。

一般微晶石的加工厚度为 18 ~ 20 mm（可特殊定做超厚或超薄产品）；常用规格有 900 mm×1 200 mm、900 mm×900 mm、600 mm×900 mm、600 mm×600 mm、800 mm×800 mm 等，最大可达到 2 700 mm×1 200 mm、2 600 mm×1 600 mm（产品规格可按用户要求制作）。其墙面、地面安装工艺与石材基本相似。

无论天然石材，还是人造石材，都希望设计者和施工者多去建材市场感受，多到施工现场体验，必定会有收获（见图 2-1-16）。

图 2-1-16

2.2　木材类

2.2.1　木材的特点

木材质轻、强度高、有较强的弹性和韧性，易于加工和表面涂饰，特别是木材天然的纹理、温暖的视觉和触觉感受，有其他材料无法比拟的特点。因此，木材在室内设计中的应用极其广泛。

木材分为针叶树材和阔叶树材两大类。针叶树的树干通直而高大，易得大材，纹理平顺，材质均匀，木质较软而易于加工，故又称软木材。它表现为密度大和胀缩变形小，耐腐蚀性强，在室内工程中主要用于隐蔽部分的承重构造。常见的树种有松树、柏树、杉树等。阔叶树的树干通直部分一般较短，材质硬且重，强度较大，纹理自然、美观，是室内装修工程及家具制造的主要饰面材料。

木材的用途一个是作为隐蔽工程的龙骨；另一个则是作为装饰面板。

一般作为龙骨的木材有红松、白松及花旗松、马尾松、落叶松、杉木、椴木等，通常加工成截面面积为 25 mm×40 mm、30 mm×30 mm、40 mm×40 mm、50 mm×50 mm、60 mm×60 mm、40 mm×60 mm、50 mm×70 mm 的木方。

2.2.2　常用的饰面木材

常用的饰面木材一般有水曲柳、柞木、桦木、柚木(泰柚、美柚)、白元木、榉木 (红榉、白榉)、斑马木 (也称乌金木)、橡木 (红橡、白橡)、枫木、檀木、樱桃木、胡桃木、影木 (红影、白影) 、花梨木等。

当然，木材均有其特定的构造，也可以从不同的部位进行旋切，形成不同的纹理和图案。常见的有直纹、山纹、木纹、树瘤、雀眼等。木材在市场上一般以各类饰面板材或木地板的形式出现。设计时可采用不同木质的组合，有时为了获得设计上的突破，甚至使用司空见惯的竹材、树皮或木材的不同形态，其设计思路值得借鉴（见图 2-2-1～图 2-2-3）。

图 2-1-16　建材市场是我们了解石材的有效途径之一

图 2-2-1

图 2-2-1　经过防腐处理的树皮同样可以作
　　　　　为装饰材料
图 2-2-2　木材应以恰当的比例和形态营造
　　　　　空间的虚实关系
图 2-2-3　木材在建筑内外空间均以不同的
　　　　　视觉语言进行展现

图 2-2-2

图 2-2-3

近年来，还有一种颇具时尚理念的炭化木板材，可作为室内墙面及地面材料。其运用高温对木材进行同质炭化的技术，使得木材拥有了一定的防腐及抗生物侵袭的功能。高温炭化不仅使木材的含水率降低，而且可以更有效地改变木材内部细胞的"营养"成分，使原先导致木材腐烂的真菌及孢子类植物无法寄居生存，并防止其他齿木类动植物的侵袭。经过炭化的木材除具有防腐功能外，还具有材质稳定、不易变形、不易开裂的特点。此外，经高温炭化处理的防腐木材的色彩华贵，同时还具有特殊的木质芳香，温度越高，颜色越深，即由浅黄色到棕色再到深棕色（见图 2-2-4 和图 2-2-5）。

图 2-2-4

图 2-2-4 炭化木墙面装饰

图 2-2-5 清华大学美术学院教学楼中庭局部墙面地面均采用了炭化木

图 2-2-5

2.3　人造板类

在节能环保意识日益受到重视的当下，人造板的运用越来越普遍，它成为室内设计的常用材料。人造板既有以木质材料为主的，也有其他材料的合成；既有饰面材料，也有基层材料。根据装修构造的逻辑关系和使用部位，这里暂以基层人造板和饰面人造板分类，尽管两者的界限在具体运用中愈加模糊（见图 2-3-1 和图 2-3-2）。

图 2-3-1

图 2-3-1　木质装饰板的应用愈加灵活多样
图 2-3-2　人造板通过叠加形成丰富的表面肌理

图 2-3-2

2.3.1　基层人造板

人造板的发展极大地影响了基层材料的发展，如胶合板、细木工板、刨花板、密度板、纸面石膏板、硅钙板及硅酸钙板、纤维水泥板及埃特板等。

1. 胶合板

胶合板也称夹板，是由木段旋切成单板或由木方刨切成薄木，再用胶黏剂胶合而成的三层或多层的板状材料，通常以奇数层单板，并使相邻层单板的纤维方向互相垂直胶合热压而成。常见的三合板、五合板等均属胶合板。其具有材质轻、强度高、弹性和韧性良好、耐冲击和震动、绝缘、易加工和涂饰等优点。

2. 细木工板

细木工板在业内俗称大芯板，也是一种常用的基层板材。细木工板是由两片单板中间黏压拼接木板而成，其竖向（以芯材走向区分）抗弯压强度差，但横向抗弯压强度较高。大芯板一般配合装饰面板、防火板等面材使用；高质量、环保型大芯板也可以被裁成条状，作为基层构造的龙骨使用。

3. 刨花板

刨花板又称碎料板，是利用施加胶料和辅料，或未施加胶料和辅料的木材或非木材植物制成的刨花材料等，经干燥拌胶（如木材刨花、亚麻屑、秸秆、甘蔗渣等），并经热压而制成的板材。

刨花板的分类如下：

①根据刨花板的结构，分为单层结构刨花板、三层结构刨花板、渐变结构刨花板、定向刨花板、模压刨花板等。

②根据制造方法，分为平压刨花板、挤压刨花板。

4. 密度板

密度板也叫纤维板，其制作工艺是通过给木材的碎屑加黏合剂，然后加热压缩成形。

密度板按其密度的不同，可分为高密度板、中密度板（也称中纤板）、低密度板。密度板质软、耐冲击，也容易进行再加工。密度板其实是制作家具的一种常用材料，但由于板材成本较低，加工过程中必须用胶，故其环保问题并没有得到很好的解决。

这里有必要重点介绍一下欧松板（oriented strand board，OSB）和澳松板。

（1）欧松板

欧松板是一种新型环保材料，是采用欧洲松木，以小径材、间伐材、木芯为原料，通过专用设备加工成长 40～100 mm、宽 5～20 mm、厚 0.3～0.7 mm 的刨片，经脱油、干燥、施胶、定向铺装、热压成形等工艺制成的一种定向结构

图 2-3-3

刨花板。其表层刨片呈纵向排列，芯层刨片呈横向排列，这种纵横交错的排列重组了木质纹理结构，彻底消除了木材内应力对加工的影响，使之具有非凡的易加工性和防潮性。由于欧松板内部为定向结构，无接头、无缝隙、无裂痕，整体均匀性好，内部结合强度极高，所以无论中央还是边缘，都具有普通板材无法比拟的超强的握钉能力。欧松板是目前世界范围内发展较为迅速的人造板材，在北美、欧洲、日本等发达国家和地区已广泛用于建筑、装饰、家具、包装等领域，是细木工板、刨花板、胶合板的升级换代产品。欧松板全部采用高级环保胶黏剂，符合欧洲最高环境标准，即 EN300 标准，成品完全符合欧洲 E1 级标准。其甲醛释放量几乎为零，远远低于其他板材，可以与天然木材相比，是目前市场上高等级的板材，是真正的绿色环保建材，可以完全满足现在及将来人们对环保和健康生活的要求。由于欧松板具有特殊的表面视觉肌理，因此，它虽为基层板材，但很多设计师将其作为饰面材料运用到室内空间界面中，其效果还是不错的（见图 2-3-3）。

图 2-3-3　欧松板自然的质感也具有一定的装饰性

（2）澳松板

澳松板是选用澳洲松木的碎屑直接压制制造，制造过程中不使用黏合剂（常说的"胶"）的板材。其生产工艺比较先进，材料更加环保，而且板材密度和结实程度远非密度板可以比拟，具有很高的内部结合强度，每张板的板面均经过高精度的砂光，确保具有一流的光洁度。其天然纤维不但使板材表面具有天然木材的强度和各种优点，而且避免了天然木材的缺陷，是胶合板、密度板的升级换代产品。因此，澳松板可以理解为更加环保的密度板。

澳松板有 3 mm、5 mm、9 mm、12 mm、15 mm、18 mm 等厚度，其中 3 mm 厚的澳松板用量最多、用途最广。澳松板可代替三夹板（三合板）直接用于门、门套、窗套等贴面；5 mm（也称五厘）厚的澳松板用作夹板门，不易变形；9 mm(俗称九厘)、12 mm（俗称十二厘）厚的澳松板可用来做门套和踢脚线；15 mm(俗称十五厘)和 18 mm（俗称十八厘）厚的澳松板可代替大芯板，直接用来做门套、窗套，或雕刻、镂洗造型，也可直接用来做衣柜门，环保且不易变形。

可以发现，人造木质板材主要是把由各种木材加工成板，并将规格统一为 1 220 mm×2 440 mm 的产品。常见的有三合板（3 mm 厚）、五合板（5 mm 厚）、九厘板（9 mm 厚）、密度板（常见厚度有 5 mm、9 mm、12 mm、15 mm、18 mm、25 mm 等）、刨花板（厚薄不一，如吉林森林工业股份有限公司的"露水河牌"刨花板算是国内刨花板产品里的佼佼者，也属于中国名牌产品）等。

5. 纸面石膏板

纸面石膏板是以建筑石膏为主要原料，掺入适量的添加剂与纤维作为板芯，两面以特制的板纸作为护面，经加工制成的人造板材。纸面石膏板也具有独特的"呼吸"功能，是室内空间极为常用的基层材料。石膏板有轻质、保温、隔热、防火、可锯、可钉、吸音等特性。石膏板与轻钢龙骨的结合构成了轻钢龙骨石膏板体系，主要用于内墙、隔墙、吊顶等，表面可以涂刷涂料、粘贴壁纸。如果在石膏芯材里加入定量的防水剂，石膏板纸亦作防水处理，则可使石膏具有一定的防水性能，称为防水石膏板，可用于湿度较大的房间墙面，如卫生间、厨房、浴室等，作为墙体瓷砖、石材等装饰面的基层板。

纸面石膏板的常用规格有 1 200 mm×2 400 mm、1 200 mm×3 000 mm，厚度多为 9.5 mm、12 mm。

纸面石膏板之间的接缝处理非常重要，我们平时会经常看到墙面面积太大或受潮情况下出现近乎有规则的裂缝，大多出于此原因，势必会影响空间界面的视觉美感。尽管多出于施工环节，但也应注意。有时为防止隔墙、吊顶出现变形、裂缝，采用较厚（12 mm 以上）的石膏板或双层石膏板也不失为预防接缝开裂的有效手段。

需要解释的是，如果以纸面石膏板为基材，在其正面经涂敷、压花、贴膜等加工后，也可将其作为室内的饰面板材，成为装饰石膏板。

6. 硅钙板及硅酸钙板

硅钙板及硅酸钙板两者之间有一字之差，既有不同点，也有相同点。它们虽是基层材料，但作为饰面板材也颇具特色。

(1) 硅钙板

硅钙板又称石膏复合板，是一种多元材料。一般由天然石膏粉、白水泥、胶水、玻璃纤维复合而成。硅钙板质轻、强度高、防潮、防腐蚀、防火、再加工方便，不像石膏板那样再加工时容易出现粉状碎裂的情况。在室内空气潮湿的情况下，能吸收空气中的水分子；当空气干燥时，又能释放水分子，可以适当调节室内干、湿度，增加舒适感。

与纸面石膏板相比较，硅钙板在外观上保留了纸面石膏板的平整、光洁的特点，可以有丰富的表面肌理；在重量方面大大低于纸面石膏板；在强度方面远高于纸面石膏板；彻底改变了纸面石膏板因受潮而变形的致命弱点，数倍地延长了材料的使用寿命；在消声吸音及保温隔热等功能方面比纸面石膏板有所提高；在防火方面也胜过矿棉板和纸面石膏板，可以替代它们，既能作为基层板材，也能作为室内吊顶的饰面板材。

硅钙板的规格一般有 600 mm×600 mm×15 mm、300 mm×600 mm×15 mm、600 mm×1 200 mm×15 mm 等。

(2) 硅酸钙板

硅酸钙板是以硅质材料 (主要成分是 SiO_2，如石英粉、粉煤灰、硅藻土等)、钙质材料 (主要成分是 CaO，如石灰、电石泥、水泥等)、木质纤维为主，经制浆、成形、蒸养、烘干、砂光及后加工等工序制成的一种新型基层或饰面板材。产品具有轻质、高强、防火、隔热、加工性好等优点。防火阻燃、保温隔热是硅酸钙板优越的性能，它可广泛应用于室内外的外墙保温、隔墙、吊顶等部位。硅酸钙板的强度高，6 mm 厚的硅酸钙板的强度大大超过 9.5 mm 厚的普通纸面石膏板，应是轻质人造板材家族中的后起之秀。硅酸钙板在设计中之所以受到青睐，很重要的原因是硅酸钙板在视觉效果上更接近清水混凝土质感，是回归自然理念的较好体现者。高质量的硅酸钙板 100% 不含石棉纤维，不会对人体及环境产生危害。

硅酸钙板的规格一般有吊顶板 600 mm×600 mm，隔墙板 1 220 mm×2 440 mm，厚度有 6 mm、8 mm、10 mm、12 mm、20 mm 等。

显然，硅酸钙板与硅钙板和纸面石膏板相比，似乎性能更优越，应用更普遍。

7．纤维水泥板及埃特板

（1）纤维水泥板

纤维水泥板又称纤维增强水泥板，也称水泥纤维板，是以纤维和水泥为主要原料生产的水泥板材，因其具有优越的性能，所以被广泛地应用于室内空间中。根据添加纤维的不同，可将其分为两种：一种是含石棉纤维等有害物质的水泥板；另一种则不含石棉纤维，用纸浆、木屑、玻璃纤维来替代石棉纤维起增强作用，统称无石棉纤维水泥平板。纤维水泥板防水、防火、质轻、隔音、耐腐蚀，并且施工简便、视觉简朴。纤维水泥板表面独特的清水效果给人耳目一新的感觉，是其他板材所无法达到的，因此，纤维水泥板既可作为饰面材料，也可当作基材。用作饰面材料时效果独特；用作基材时则安全，使人放心。其常见规格如下：长度为 2 000 ～ 2 440 mm；宽度为 1 000 ～ 1 220 mm；厚度为 4 ～ 12 mm。

纤维水泥板的应用范围十分广泛，可用于吊顶材料，也可穿孔作为吸音吊顶，主要应用于外墙、内墙、吊顶、隔墙、固定家具等。实际上，前面介绍的硅酸钙板也可以理解为特殊的纤维水泥板。

（2）埃特板

埃特板也称艾特板，是一种纤维增强硅酸盐板材（纤维水泥板）。艾特实际上是比利时一个企业产品的品牌，其主要原材料是水泥、植物纤维和矿物质，经流浆法高温蒸压而成，隔音、防火、防潮、防水性能都相当好，具有多种厚度及密度，100% 不含石棉及其他有害物质，使用寿命长，强度也大大高于石膏板，在装修时可替代石膏板、硅酸钙板用作吊顶、墙面的基材，是一种新型换代产品。也有一些设计师为了追求水泥的质感和效果，把它们当作面材来使用，使用方法就是在表面上涂刷清漆或营造木丝肌理等不同的效果。

需要提醒的是，埃特板和硅酸钙板的性能极为接近，两者的区别在于，前者的成分是硅酸盐，后者的成分是硅酸钙。在化学上，硅酸盐要比硅酸钙稳定，做成板材也就不易受环境影响而产生裂缝。可以说，埃特板在所有轻质板材中是性能最稳定的、制作墙体或吊顶最不易出现裂缝的板材。因此，可以认为，埃特板是硅酸钙板或纤维水泥板的"升级板"。

其实，基层人造板还有很多需要介绍，如定向结构麦秸秆板、玻镁板等，其性能与硅钙板、硅酸钙板或埃特板接近，也均优于纸面石膏板。但并非说纸面石膏板就被淘汰了，在低造价的情况下，它仍有很大的施展空间。同样可以发现，通过上述的介绍，一些基层人造板，如硅钙板、硅酸钙板、纤维水泥板、欧松板及澳松板等，也因其具有特殊的肌理与质朴美感，根据设计风格要求作为饰面人造板来使用，能够使装饰造型和室内空间具有别样的空间表情（见图2-3-4）。只要符合设计逻辑，这种做法未尝不可。

图 2-3-4

图 2-3-4 采用纤维水泥板作为装饰材料颇具别样的空间表情

2.3.2　饰面人造板

二十世纪八九十年代以来，由于人造板的迅速发展，胶合板、刨花板、中密度纤维板（medium density fiberboard，MDF）以及其他材质作为基材被二次加工形成了各种人造板。装饰面板由多种材料复合而成，但合成人造板不见得都是木质材料。由于珍贵树种成长缓慢，天然木材日渐减少，人造板会逐渐替代天然木材；同时，人造板在视觉上也可乱真（见图 2-3-5）。

图 2-3-5

因此，随着加工工艺的提高，合成材料越来越受到欢迎。例如，瓷砖的应用范围正在变得越来越广，样式越来越多，可以模仿很多材质。又如，人造石材、防火板等，在国外也颇为流行。一是因为合成材料与现在较快的生活节奏相适应；二是因为合成材料不但制作方便，而且形态千变万化，契合时代的发展潮流。虽然许多人喜欢天然的材料，但仍有些天然材料存在非环保性的问题，如一些石材内就容易辐射氡。人造材料由于新技术的加入，不仅性能好，而且可达到环保的要求，有些材料还可循环再利用，因此，人造材料将成为今后发展的主流材料，不但环保，而且易于施工，如无苯油漆、防火板材、无辐射地板等。随着科技的发展，人类文明发展到现在，有合成材料逐渐替代天然材料的趋势，注重环保、注重人体健康的材料普遍受到欢迎，能够被回收利用的合成材料是未来的发展趋势。

这里重点介绍应用相对普及的人造板，而对合成材质容易归类的人造板暂且不介绍，如铝塑板虽属合成材料，但在金属材料里阐述似乎更为贴切。

1. 装饰面板

装饰面板俗称面板，是将实木板精密刨切成厚度为 0.2 mm 左右的微薄木皮，以夹板为基材，经过胶黏工艺制作而成的、具有单面装饰作用的装饰板材。它是夹板存在的特殊方式，厚度多为 3 mm。面板经过油漆处理后可显示木纹的自然和色泽，是目前极其常用的饰面材料。装饰面板不仅产量增长迅猛，品种形态也丰富多样，呈现出不同材料品种或同一材料不同纹理所形成的表面装饰效果，常见的有水曲柳面板、榉木面板、枫木面板、橡木面板、柚木面板、影木面板、樟木面板、斑马木板、樱桃木板、胡桃木板、黑檀面板、红檀面板、花梨面板、树瘤面板、雀眼面板等。

2. 木质地板

（1）实木地板

实木地板的基材均为原木，采用质地坚硬、花纹美观、不易腐烂的木材。这种以木材直接加工的实木地板，由于其纯天然的构造，至今仍作为设计时的常用选材（见图 2-3-6）。

图 2-3-6

图 2-3-5　人造板在现代室内空间中已普遍应用

图 2-3-6　实木地板可组合成丰富的视觉层次

（2）实木复合地板

实木复合地板是实木地板与强化地板之间的地面材料。它既具有实木地板的自然文理、质感与弹性，又具有强化地板的抗变形、易清理等优点。

（3）强化地板

采用高密度纤维板（height density fiberboard，HDF）为基材，经三聚氰胺浸渍纸贴面加工而成各色木纹效果的所谓强化地板，它成为司空见惯的普通地面材料。

（4）竹质地板

由于竹材成长周期短、资源丰富，所以竹材的应用也愈加广泛。竹质地板拼接采用胶黏剂，施以高温高压而成。经过特殊无害处理后的竹材具有超强的防虫蛀功能，无毒、阻燃、耐磨、不开胶、不变形、防霉变、牢固、稳定。竹质地板以其天然赋予的优势和成形之后的诸多优良性能，给设计带来一股清新之风。竹质地板的天然纹理和质地给人以自然、清雅之感。

3.矿棉板

矿棉板一般也称矿棉吸音板，以粒状棉为主要原料，加入其他添加物，经高压蒸挤切割制成，不含石棉，防火、吸音性能好。表面一般有无规则孔（俗称毛毛虫）或微孔（针眼孔）等多种。由于出厂产品多为白色，其表面也可涂刷各种颜色。

矿棉板是室内设计中极其常用的一种墙面及吊顶板材，多应用于所谓档次不太高的空间，如办公室、教室、会议室等。其规格以 600 mm×600 mm、600 mm×1 200 mm 等最为常见（见图 2-3-7）。

图 2-3-7 极为常见的矿棉板吊顶处理

图 2-3-7

4．防火板

防火板的标准名称是耐火板。防火板只是人们的习惯说法，但它可不是真的不怕火，只是具有一定的耐火性能而已。防火板是以硅质材料或钙质材料为主要原料，与一定比例的纤维材料、轻质骨料、黏合剂和化学添加剂混合，经蒸压技术而制成的，属于目前极其常见的饰面材料。防火板的施工对于粘贴胶水的要求比较高，质量较好的防火板的价格甚至比装饰面板还要高，做贴面使用时，应与刨花板或密度板基层板材贴压在一起。

防火板所具备的特性也有木饰面难以企及的，如耐磨、耐热、耐酸碱、耐烟烫、防火、防菌、防霉及抗静电。防火板能仿木纹、仿石材、仿金属饰面，可谓"百变高手"，似乎还没有它不能模仿的材质效果。在环保意识高涨的今天，木材及石材毕竟是有限资源的天然材料，而防火板对两者的善意模仿满足了人们的视觉感受，它多变的肌理又迎合了人们求新求异的心理，所以在建材城频繁亮相也就不足为奇了。防火板的厚度一般为 0.8 mm、1 mm 和 1.2 mm，常用作家具、柜台的贴面。

5．三聚氰胺板

三聚氰胺板的全称是三聚氰胺浸渍胶膜纸饰面人造板，也有的称为双饰面板、一次成形板或生态板。这里提到"三聚氰胺"，想必大家还是耳熟能详、记忆犹新的，可能会马上联想到"毒奶粉"。其实，三聚氰胺在业内是作为阻燃剂出现的。将带有不同颜色或纹理的纸放入三聚氰胺树脂胶黏剂中浸泡，然后干燥到一定固化程度，将其铺装在刨花板、中密度纤维板或硬质纤维板表面，经热压而成为装饰板。三聚氰胺板常用于普通家具、橱柜的饰面。

防火板和三聚氰胺板都是常见的人造板材，视觉上有相似之处，但不经意也会混淆这两种材料，将三聚氰胺板误认作防火板。事实上，这两种材料还是有一定区别的，这里有必要澄清一下。

首先，防火板贴面一般是由表层纸、色纸、基纸三层构成的，表层纸与色纸经过三聚氰胺树脂成分浸染，使耐火板具有耐磨、耐划、阻燃等物理性能。多层牛皮纸使耐火板具有良好的抗冲击性、柔韧性。防火板贴面是三层，比较厚（优质防火板的厚度在 0.8 mm 以上），而三聚氰胺板的贴面只有一层，比较薄。所以，一般来说，防火板的耐磨、耐划性能要好于三聚氰胺板，而三聚氰胺板在价格上低于防火板。两者虽然在贴面材料上都含有相同的树脂，但厚度、结构的不同导致它们在性能上有明显的差别。

6．木质吸音板

木质吸音板是指根据声学原理加工而成的、具有吸音减噪作用的装饰板材，一般由饰面层、芯材和吸音薄毡组成。正面贴有各种实木贴面、喷漆或烤漆面及三聚氰胺面层等其他饰面；芯材通常为 15 mm、16 mm 或 18 mm 厚的优质高密度纤维板或中密度纤维板；芯材背面粘贴黑色吸音薄毡，起到防火、吸音的作用。

（1）木质吸音板的特点

①装饰性。木质吸音板既有古朴自然的天然木质纹理，也可体现现代节奏明快、简洁的风格，具有较好的装饰性；还可根据需要，以天然木纹、图案、肌理等进行多种组合，带来良好的空间气质。

②环保性。木质吸音板具有阻燃性能，并且符合国家环保标准，还带有天然木质的芳香。

③便捷性。木质吸音板安装简易标准化模块设计，采用插槽、龙骨结构，安装方便、快捷。

（2）木质吸音板的分类

木质吸音板分为槽木吸音板和孔木吸音板两种。槽木吸音板是一种在密度板的正面开槽、背面穿孔的狭缝共振吸声材料；孔木吸音板是一种在密度板的正面、背面都开圆孔的结构吸声材料。木质吸音板的表面有很多小孔，这些微小孔洞会对声波产生吸音效果。这两种木质吸音板常用于影剧院、音乐厅、图书馆、歌舞厅、报告厅、演播厅、会议室、录音室等空间的墙面和天花吊顶（见图 2-3-8）。

图 2-3-8

木质吸音板的规格多为长 2 440 mm× 宽 128 mm× 厚 15 mm 以及长 2 440 mm× 宽 128 mm× 厚 18 mm，也可按客户要求定做。

（3）木质吸音板的安装

无论墙面还是吊顶，其安装工艺大同小异、区别不大。一般在有木龙骨的情况下，从木质吸音板的侧面接近底部斜角在木龙骨上打入枪钉即可；但当高层建筑或防火要求等级较高时，一般不会允许使用木龙骨，应采用轻钢龙骨，这时可用自攻螺丝把小段的木垫片固定在轻钢龙骨上，然后把木质吸音板固定在木片上。也有的直接安装在轻钢龙骨上，这就需要使用自攻螺丝固定。有时也可采用铝合金龙骨安装，则要把铝合金龙骨使用自攻螺丝打在墙面上，然后把木质吸音板放在铝合金龙骨上的卡片上即可。而接缝的处理采用密拼、加装饰嵌条或留缝均可。

实际上，吸音材料不只有木质吸音板，还有很多种类，如矿棉板、铝蜂窝板、聚酯纤维吸音板、皮革（布艺）软包吸音板、皮革（布艺）硬包吸音板以及木丝板等。

7. 木丝板

木丝板是将选定种类的晾干木料刨成细长木丝，经化学浸渍稳定处理后，木丝表面浸有水泥浆再加压成的饰面板。木丝板是纤维材料中的一种有开孔结构的硬质板，具有吸音、隔热、防潮、防火、防长菌、防虫害和防结露等特点，表面可做饰面喷色和喷绘处理，适合作室内吸音装饰材料，因此也可称作木丝吸音板。

木丝板具有强度和刚度较高、吸声构造简单、安装方便等特点。这种价格不算便宜、采用先进工艺生产的新型木丝板，品种规格、材料性能以及表面装饰均有很大的提高，满足了设计师回归自然的设计理念（见图 2-3-9）。

当然，饰面人造板还有很多品种都颇具特色，如波浪板、防静电地板等，这里就不再展开介绍了。

图 2-3-9

图 2-3-8　木质吸音板天花吊顶流露出优雅的空间气质

图 2-3-9　顶棚的木丝板饰面含蓄而质朴

2.4　砂浆及清水混凝土

水泥砂浆、混凝土作为被广泛应用的建筑材料，同样是展现丰富内涵和艺术表现力的重要元素，可能因为司空见惯而被大多数人熟视无睹了，但当人们站在经典的混凝土作品面前，它的纯净朴素之美又引起了人们的注意，那些在空间中静静伫立着的混凝土体块所蕴含的力量让人为之震撼。在光与影的交织中，它们有的冷静严肃，有的端庄柔和，有的敦厚大方。在喧嚣的世界里，可以看见它们不卑不亢地与周围环境进行着无声的对话……

2.4.1　砂浆饰面

水泥是一种良好的矿物胶凝材料，可以在空气和水中硬化。在水泥中加入沙、石或其他骨料，也就形成了水泥砂浆和混凝土。有时也在水泥中加入发泡剂或密实剂，这样水泥砂浆和混凝土的孔隙率和疏密就会有所不同。再加上一些饰面工艺的处理，可塑造成粗糙或较细腻的质感和肌理，带给人们不尽相同的心理感受。水泥砂浆和混凝土作为饰面材料，已被广泛运用于环境设计中（见图 2-4-1 和图 2-4-2）。

水泥砂浆要求有良好的和易性，容易抹成均匀的薄层，还要有较高的黏结力，不致开裂或脱落。作为饰面材料，它有以下七种传统工艺做法：拉毛墙面、甩毛灰、搓毛灰、扫毛灰、墙面喷涂抹灰、墙面滚涂抹灰、墙面弹涂抹灰。

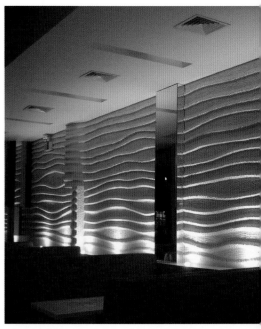

图 2-4-1

图 2-4-2

图 2-4-1　精心处理的水泥砂浆质感细腻而富有表情

图 2-4-2　采用高强度水泥、建筑废渣等制作的坐凳似乎引领着一股设计思潮

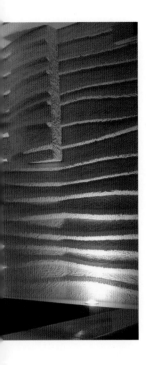

2.4.2　混凝土饰面

这里多指清水混凝土饰面。它是指在拆下混凝土的模后，墙面不加任何装饰，主要表现混凝土的本色和模板的纹理，显得格外自然、富有表情，体现出质朴、自然的美感。有时可在表面涂一层或两层透明的保护剂，或通过表面喷涂氟碳漆来解决混凝土的碳化和落灰问题。随着行业的发展、技术的推进以及创新意识的提高，预制混凝土装饰板，甚至透光混凝土板也应运而生了，既提高了施工效率，也极大地拓展了材料设计的创新理念。例如，如今出现了透光混凝土，这种半透明又具有复合特性的材料由大量的光学纤维和精致的混凝土组合而成，具有常用混凝土的物理特性，并且能做成不同的纹理和色彩，甚至可以将光学纤维的截面做成各种不同的图案，使室内空间变得温和，使人产生轻盈的感觉（见图 2-4-3 ～图 2-4-5）。

图 2-4-4

图 2-4-5

图 2-4-3

图 2-4-3　混凝土的木质纹理带有清新的自然气息，但更需要先进的施工技术来保障

图 2-4-4　弧形的混凝土造型质朴又彰显大气

图 2-4-5　经过技术改良的透光混凝土

　　一般来说，我们很容易将混凝土看作一种结构材料，在中国绝大多数建筑中也是这样使用混凝土的。但前面也提到，混凝土实际上应是一种富有内涵及表现力相当丰富的装饰材料，甚至是某种艺术效果的重要元素。其饰面的效果关键是依靠模板制造表面肌理，这就需要挑选纹理美观的模板。模板有木模和钢模，以及人工特制的衬模。在模板的排列上，拉接螺丝的定位要整齐而有规律；同时，模板的接缝也要精心设计，才能体现混凝土的重量感和力度美。

2.5　陶瓷类

　　近几年，陶瓷产品的功能和样式愈加丰富，陶瓷墙砖、地砖产品也正朝着大尺寸、多功能、豪华型的方向发展。从产品规格方面看，近年出现了许多边长在 500 mm 左右，甚至大到 1 000 mm 的大规格地板砖，使陶瓷地砖的产品规格靠近或符合铺地石材的常用规格。从功能方面看，在其传统功能之上又增加了防滑等功能。从装饰效果方面看，变化就更大了，产品脱离了无釉单色的传统模式，出现了仿石型地砖、仿瓷型地砖、玻化地砖等不同装饰效果的陶瓷地砖。

2.5.1　釉面砖

　　顾名思义，釉面砖就是表面用釉料烧制而成的。其主体又分为陶土和瓷土两种，陶土烧制的背面呈红色的称为磁砖；瓷土烧制的背面呈灰白色的则称为瓷砖。通常瓷土烧制出来的效果好，所以应被称为瓷砖，而非磁砖。

　　釉面砖表面可以做各种图案和花纹，比抛光砖的色彩和图案丰富，因为表面是釉料，所以其耐磨性不如抛光砖。

2.5.2　通体砖

　　通体砖表面不上釉，而且正面和反面的材质与色泽一致，故得此名。通体砖是一种耐磨砖，但花色比不上釉面砖，一般常使用于厅堂、过道和室外走道等普通装修项目的地面。多数的防滑砖都属于通体砖。

　　通体砖常用的规格有 300 mm×300 mm、400 mm×400 mm、500 mm×500 mm、600 mm×600 mm、800 mm×800 mm 等。

2.5.3　抛光砖

　　抛光砖是通体砖经过打磨而成的一种光亮的砖种，属于通体砖的一种。相对于通体砖的平面粗糙而言，抛光砖要光洁得多，而且表面可以做出各种仿石、仿木效果。但抛光砖也有缺点，由于在制作时留下了凹凸气孔，这些气孔会藏污纳垢，所以造成表面很容易渗入污染物。

2.5.4　玻化砖

玻化砖专业上的叫法应为瓷质玻化石，它呈弱酸性，性能稳定，耐腐蚀，抗污性较强。玻化砖是一种强化的抛光砖，采用高温烧制而成，质地比抛光砖更硬、更耐磨，表面如镜面般透亮、光滑，色彩艳丽、柔和，没有明显色差，表面抛光后坚硬度可与石材相比，吸水率低、不留痕迹。这种砖不上釉，有较好的防滑性和耐磨性，目前在公共空间及家装中较为常用。说是防滑，最好还要对玻化砖进行打蜡、抛光养护，其作用一是真正防滑；二是防止砖面的光泽渐渐变乌，影响美观；三是能防止污渍从砖面微孔渗入砖体。

玻化砖主要是地面砖，常用规格有 400 mm×400 mm、500 mm×500 mm、600 mm×600 mm、800 mm×800 mm、900 mm×900 mm、1 000 mm×1 000 mm 等。

2.5.5　仿古砖

仿古砖实际上是从国外引进的一种视觉上具有古朴、典雅效果的瓷砖。仿古砖是从彩釉砖演化而来，且上了釉的瓷质砖。与普通的釉面砖相比，其差别主要表现在釉料的色彩上。仿古砖属于普通瓷砖，与磁砖基本相同，所谓仿古，指的是砖的视觉效果，唯一不同的是在烧制过程中，仿古砖的技术含量要求相对较高，数千吨液压机压制后，再经千度高温烧结，使其强度高，具有极强的耐磨性，经过精心研制的仿古砖兼具防水、防滑、耐腐蚀的特性。仿古砖仿造以往各种传统材料进行做旧，通过样式、颜色、图案营造出怀旧的氛围。

2.5.6　陶瓷锦砖

陶瓷锦砖俗称马赛克，译自 mosaic，原意是用镶嵌方式拼接而成的细致装饰。陶瓷马赛克就是用优质瓷土烧制成的小块瓷砖。它具有抗腐蚀、耐磨、耐火、吸水率小、强度高以及易清洗、不褪色等特点，可做出表面不同光泽度的效果、不同的颜色，具备陶瓷制品高强度、强韧性、耐冲击等优点。按其表面性质，可分为有釉和无釉两种。产品边长小于 40 mm，又因其有多种颜色和多种形状，拼成的图案似织锦，故称作锦砖（什锦砖的简称）。锦砖一般按一定图案反贴在牛皮纸上。

　　马赛克在材质、颜色方面相当丰富，不同花纹和不同色彩的马赛克可以拼成多种美丽的图案。实际上，马赛克不只有陶瓷马赛克，还有其他材质的表现形式，如石材马赛克、金属马赛克、玻璃马赛克等，马赛克能够以不同的姿态和质地呈现于室内空间中（见图2-5-1～图2-5-3）。

图2-5-1

图2-5-1　意大利那不勒斯地铁站采用深浅不
　　　　　同的蓝色马赛克，使空间宛如浩瀚
　　　　　的星空
图2-5-2　马赛克的优势在于可以塑造多样的
　　　　　空间界面
图2-5-3　马赛克与洁具的结合轻松而自然

图 2-5-2

图 2-5-3

马赛克的常用规格有 20 mm×
20 mm、25 mm×25 mm、30 mm×
30 mm，厚度大多为 4～4.3 mm。

过去的瓷砖，尤其是墙砖，几乎
清一色都是光面的，质感变化较少，
但随着制作工艺的日益先进和创新意
识的逐步提升，陶瓷产品的形式和质
感有了丰富的变化，营造出形态各异
的视觉效果（见图 2-5-4）。

图 2-5-4

图 2-5-4　细腻的墙砖肌理含蓄而优雅

2.6　玻璃类

随着科技的发展，玻璃的使用十分广泛。不同的玻璃品种之间互相结合和渗透，使有的传统工艺被改进，加工延展性增强，从而使其在性能上有了新的飞跃。

2.6.1　根据玻璃的形态及性能分类

根据玻璃的形态及性能，一般可分为以下两类：

1.平板玻璃

① 普通平板玻璃，包括普通平板玻璃和浮法玻璃。

② 钢化玻璃。

③ 表面加工平板玻璃，包括磨光玻璃、磨砂玻璃、喷砂玻璃、磨花玻璃、压花玻璃、冰花玻璃、蚀刻玻璃、热熔玻璃等。

④ 掺入特殊成分的平板玻璃，包括彩色玻璃、吸热玻璃、光致变色玻璃、太阳能玻璃等。

⑤ 夹物平板玻璃，包括夹丝玻璃、夹层玻璃、夹各种自然物玻璃、电热玻璃等。

⑥ 复层平板玻璃，包括普通镜面玻璃、镀膜热反射玻璃、镭射玻璃、釉面玻璃、涂层玻璃、覆膜（覆玻璃贴膜）玻璃等。

2.玻璃制品

① 平板玻璃制品，包括中空玻璃、玻璃磨花、雕花、彩绘、弯制等制品及幕墙、门窗制品。

② 不透明玻璃制品和异形玻璃制品（见图2-6-1），包括玻璃锦砖（玻璃马赛克）、玻璃砖、水晶玻璃制品、玻璃微珠制品、玻璃雕塑等。

③ 玻璃绝热、隔音材料，包括泡沫玻璃和玻璃纤维制品等。

图 2-6-1

图 2-6-1　异形玻璃制品组成的装饰隔断

2.6.2　常用玻璃分类

根据功能形式的不同，玻璃一般可分为普通平板玻璃、安全玻璃、特种玻璃、有机玻璃等。有的玻璃目前使用较广泛，应引起我们的重视，需要重点强调，如钢化玻璃、夹层玻璃、热熔玻璃等。

1．钢化玻璃

钢化玻璃是由平板玻璃经过"淬火"处理后制成的。它的强度比未经处理的玻璃要大 3～5 倍，具有较好的抗冲击、抗弯以及耐急冷、急热的性能。当玻璃破碎时出现网状裂纹，或产生细小碎粒，不会伤人，故又称为安全玻璃。钢化玻璃有平钢化和弯钢化，以及全钢化和区域钢化之分，主要应用于钢化玻璃门、转门、大堂门口处玻璃幕墙、楼梯或天井护栏、隔墙、幕墙、车窗等（见图 2-6-2）。

图 2-6-2　椅子的高靠背采用钢化玻璃来强化仪式感

图 2-6-3　夹层玻璃构成的曲面墙体轻盈而富有韵律感

图 2-6-4　夹层玻璃常用作架空地面材料

图 2-6-2

2．夹层玻璃

夹层玻璃也称为夹胶玻璃。夹层玻璃是两片或多片平板玻璃之间嵌夹透明的中间膜，经加热、加压、黏合而成的平面或弯曲的复合玻璃制品。夹层玻璃的抗冲击性比普通平板玻璃高出几倍。这是因为特殊的中间膜具有极强的抗拉强度、延展率等物理性能，仅从一面是极难将夹层玻璃割开的。即使将玻璃敲碎，由于中间层与玻璃已经牢牢地粘为一体，仍能保持完整性，只产生辐射状裂纹和少量玻璃碎屑，而且碎片仍粘贴在膜片上，不致伤人。我们经常看到的玻璃护栏、银行柜台上的玻璃、电视上访谈类节目的玻璃地面，以及近年旅游景区都在追逐的、令人心悸的玻璃观光栈道，其地面大多采用夹层玻璃；而所谓的"防弹玻璃"也多属此类，只是玻璃更厚、夹层数更多而已（见图2-6-3和图2-6-4）。

夹层玻璃的透光性好，如（2+2）mm厚玻璃的透光率为82%。夹层玻璃还具有耐久、耐热、耐湿、耐寒等功能。生产夹层玻璃的原片可以采用浮法玻璃、钢化玻璃、彩色玻璃、喷砂玻璃、吸热玻璃和热反射玻璃等。

上述钢化玻璃、夹层玻璃也被称为安全玻璃，其他较常用的还有磨砂玻璃、喷砂玻璃、冰花玻璃、蚀刻玻璃、中空玻璃、玻璃锦砖（马赛克）、玻璃空心砖等。

图 2-6-3

图 2-6-4

3. 热熔玻璃

热熔玻璃在国内早已有生产，但是由于工艺有缺陷，烧制出来的效果不理想。随着技术的不断成熟，北京国家大剧院的不少空间也使用了热熔玻璃，而且在设计方面颇具新意。

北京国家大剧院内歌剧院外环廊顶部使用的热熔玻璃基本材质是超白玻璃，主要是片式热熔玻璃。它是将超白玻璃裁成约 25 mm 宽、70 mm 长的玻璃条，经过 3 次工艺热熔成形。第一次为单层烧，将 4 mm 厚的玻璃条无规则地码放在平板玻璃上进炉烧制；第二次为叠烧，将 6 mm 厚的玻璃条码放在第一次烧过的玻璃条上（与第一层错开随意码放）进炉烧制；第三次为叠烧，将 4 mm 厚的玻璃条错开随意码放在第二层玻璃条上进炉烧制。底板玻璃再做夹胶处理，这样夹层玻璃与 3 层玻璃片共 5 层，每块规格为 350～500 mm。此种热熔玻璃片主要用在歌剧院外环廊的吊顶上（因为热熔玻璃在烧制过程中损坏率很高，且资金紧张，现用的热熔玻璃为二烧，相比三烧在晶莹剔透的效果方面差一些），距吊顶约 650 mm，此高度经若干次现场实验，保证光源照射下来的角度与熔化玻璃的宽度相吻合（见图 2-6-5）。

图 2-6-5

　　玻璃作为一种重要的材料有其独特的效果和魅力，但应该注意的是，目前玻璃的使用存在泛滥、无序的状态，不分场合地充斥于各种空间环境中。这并非追求现代理念的体现，而是继续复制所谓"时尚"设计的固定套路，同时也是思维固化的危险征兆。

　　在感光的世界里，除玻璃外，还存在其他一些透明或透光材料。在通常情况下，它们主要分为硬质、有韧性的有机类与柔软、质轻的纺织和薄膜类，包括亚克力、树脂板、灯箱片、阳光板、软膜、纱等，它们都具有良好的透光性以及质量轻、耐冲击、绝缘性高、色彩丰富、易于加工及安装方便等优越性（见图 2-6-6）。在某些时候，它们是玻璃的"替身"。如轻质的纺织、软膜、张拉膜类作为装

图 2-6-5　北京国家大剧院内歌剧院外环廊顶
　　　　　部的热熔玻璃
图 2-6-6　透光的灯柱成为空间的视觉焦点

图 2-6-6

饰用的屏、帘、棚等，更轻，也更薄，对光的反射、漫反射与透光性取决于纺织的形式与原材料的选择。与玻璃相比，它们更显得飘逸、轻盈、富有诗意（见图2-6-7和图2-6-8）。

图 2-6-7

图 2-6-7　软膜常用于办公空间的透光顶棚材料

图 2-6-8　轻盈的张拉膜可塑造成各种形态

图 2-6-8

2.7　卷材类

2.7.1　壁纸（布）

壁纸（布）是室内装修中使用最为广泛的墙面、天花板面装饰材料。尤其在近十余年，随着技术的发展，壁纸（布）的花色品种、材质、性能都有了极大的提高，新型的壁纸（布）不仅花色繁多，清洁起来也很简单，可以用湿布直接擦拭（见图 2-7-1 和图 2-7-2）。

图 2-7-1　壁纸（布）的图案和色彩丰富了空间界面层次

图 2-7-1

图 2-7-2

图 2-7-2　壁纸（布）也能制造出特殊的视觉
效果

　　壁纸图案变化多端、色泽丰富，通过印花、压花、发泡可以仿制许多传统材料的外观，甚至达到以假乱真的地步。其实，壁纸真正随其他装饰材料大面积地走入居家生活，还是在 20 世纪 70 年代末 80 年代初。80 年代是发泡壁纸盛行的时期。"发泡"又称网版浮雕发泡，是指在原材料中添加发泡剂，在生产过程中辅以高温，使得发泡剂完成类似"发酵"的过程。因此，生产出来的壁纸会有凹凸感，手感柔软。此类壁纸的优点是立体感强，可增加房间的空间感。但缺点也显而易见：不耐磨，易刮伤、易受污。目前，发泡壁纸已逐步被淘汰，基本销声匿迹了。到了 80 年代末，随着塑胶工业的推进，出现了发泡壁纸的替代品——胶面壁纸。这种壁纸实际上是将聚氯乙烯及辅料均匀地涂在原纸表面，构成了纸底胶面壁纸。通过印刷、压花模具不同图案的设计，或多版印刷色彩的套印，或各种压花纹路的配合，壁纸呈现出色彩多样、图案丰富、印花精致、压纹质感佳、价格适宜等优势，而且具有防水、防潮、耐脏、易擦洗等特点，极大地改善了发泡壁纸的缺陷，以其丰富的表现力和实用性成为应用较为广泛的壁纸品种。随后，还逐步出现了带有光泽的丝光壁纸和无光泽的亚光壁纸（布感壁纸），并且防火、防霉、抗菌，深得大众的青睐。

但是，随着各种国际涂料品牌的进入和环保意识的加强，再加上壁纸企业在技术革新上对解决环保问题的不作为，直接导致后来市场雪崩式的直线下滑。熬过 20 世纪 90 年代漫长的低迷期之后，到了 21 世纪初才开始渐渐恢复元气。近几年，我国壁纸行业才算迎来了广泛的复苏，最明显的是技术创新和环保理念不断深化。伴随着人类对于休闲、舒适和环保的需求，如今的壁纸早已摆脱了初期款式陈旧、材质单一的面貌，花色品种增多，材质、性能均有了极大的提高。尤其值得一提的是，健康环保的壁纸已成为当前发展的主流，涌现出如纸质壁纸、无纺布壁纸、石头壁纸、液体壁纸、石英壁布等花样繁多的壁纸类型。

1．壁纸的分类

（1）塑料壁纸

塑料壁纸也称 PVC 壁纸（布）或聚氯乙烯壁纸（布），是以一定性能的纸（或无纺布、纺布）为基材，以聚氯乙烯涂层或薄膜为面层，经过涂布、印花、压花或发泡等工艺制作而成的一种墙面装饰材料。塑料壁纸可分为普通型壁纸（印花壁纸、压花壁纸）、发泡壁纸、特种壁纸（耐水壁纸、防火壁纸）等。

塑料壁纸的优点是美观、耐用，还有强度高、抗拉拽、易于粘贴的特点，且表面不吸水、耐擦洗。其缺点是透气性较差，时间一长就会渐渐老化，并对人体健康或多或少产生一定的副作用。

塑料壁纸经发泡处理后能产生很强的三维立体感，可形成各种丰富、逼真的图案和纹样，如仿砖、石、木纹、锦缎、瓷砖及竹编物等一系列仿真壁纸，具有很强的肌理和质感，对于低造价的设计起码能满足视觉效果。但毕竟塑料壁纸是仿各种材质的，因此存在不足之处。

（2）纯纸壁纸

纯纸壁纸主要由草、树皮等天然材料加工而成，在纸质基材上直接压花或印花。纸质基材分为加厚单层纸和双层纸，目前越来越多的产品采用双层纸复合技术来达到更好的印刷效果。纯纸壁纸的透气性能佳，环保性能好，色彩生动，质感为亚光，并且具有可擦洗、防静电、不吸尘等特点。但有些产品的耐水性较差，易受潮。

（3）织物壁纸

织物壁纸是用丝、羊毛、棉、麻等纤维，以布或纸为基材而织成的壁纸（布）。

用这种壁纸（布）装饰的环境给人以典雅、华贵、柔和、舒适的感觉。由于织物面壁纸（布）的表面是由天然织物构成的，其富有质感、透气性强以及环保等性能都是立足市场的重要优点所在，被认为是"会呼吸的壁纸"和安全性最高的壁纸。但其收缩率较大，易积灰尘，不同批号的产品可能会产生色差。

（4）无纺布壁纸

无纺布壁纸又叫木浆纤维壁纸，是以木、棉、麻等天然植物纤维经无纺（由定向的或随机的纤维构成）成形的一种壁纸。该类壁纸的最主要特征是表底一体、无纸基，采用直接印花套色等先进工艺，比织物壁纸的图案更丰富。

无纺布壁纸的主要特点是有较好的视觉效果，手感柔和，透气性能良好，墙面的湿气、潮气都可透过壁纸，而且不含任何聚氯乙烯、聚乙烯和氯元素，完全燃烧时只产生二氧化碳和水，不会产生浓烈的黑烟和刺激气味。无纺布壁纸长期使用时不会有憋气的感觉，也有"会呼吸的壁纸"之称，是当下市场颇为流行的新型绿色环保材料。

（5）天然材料面壁纸

天然材料面壁纸是将草、麻、木材、树叶、草席等天然材料干燥后压粘于纸基上制成的壁纸，也有用珍贵树种木材切成薄片制成墙纸的。其风格朴实自然，无毒无味，具有良好的透气性，吸音、防潮和防霉变性能良好，同样也会"呼吸"。另外，天然材料面壁纸可重复粘贴，不容易出现褪色、起泡、翘边等现象，产品更新一般无须将原有墙纸铲除，可直接粘贴在原有墙纸上。

（6）硅藻土壁纸

硅藻土壁纸的表面由天然的硅藻土细小颗粒构成，其主要原料是硅藻土。硅藻土是由生长在海、湖中的植物遗骸堆积，经过数百万年变迁而形成的。硅藻土表面有无数细孔，可吸附、分解空气中的异味，具有调湿、除臭功能。由于硅藻土具有物理吸附作用和添加剂的氧化分解作用，因此可以有效地去除空气中的游离甲醛、苯、氨、挥发性有机化合物（volatile organic compounds，VOC）等有害物质，以及宠物体臭、香烟、生活垃圾所产生的异味等。所以，室内贴上了硅藻土壁纸后，其在使用过程中不仅不会对环境造成污染，还会使空间环境条件得以改善。由于硅藻土壁纸表面由天然的硅藻土构成，因此纸面粗糙、硬脆、易折断，被污染后表面污物不易清除，不同批号的产品也可能产生色差。

（7）云母片壁纸

云母是一种含有水的层状硅酸盐结晶，具有极高的电绝缘性、抗酸碱腐蚀性、有弹性、韧性和滑动性、耐热、隔音，同时还具有高雅的光泽感。由于它具有以上特性，所以云母片壁纸也是一种优良的环保型室内装饰材料，表面的光泽感具有高雅华贵的特色。

云母片壁纸被污染后表面污物不易被清除，不同批号的产品相比较可能会产生色差。可以发现，凡是天然材料构成的壁纸（布），都有出现色差的可能性，这属于正常现象，反而更显真实。

(8) 石头壁纸

所谓石头壁纸，主要是以储量大、分布广的石灰石中的碳酸钙为主要原料，以高分子聚合物为辅料，经特殊工艺处理制造而成的。把石头做成纸，然后变成墙纸，如此可见，石头壁纸真的算是用"石头"做的。相对于常见的无纺布、纯纸制成的壁纸而言，石头壁纸安全、环保、无毒、无味，抗菌、防霉、防潮、耐撕、耐擦洗能力更强，而且更具价格优势。尤其是石头壁纸的原料不需要木材及天然植物纤维，可以节约大量的森林资源，因此在低碳环保产品之中有着不错的口碑，就连北京人民大会堂也曾使用过此类壁纸。

(9) 金属壁纸

金属壁纸是指在基层上涂布金属箔，经印刷或压花而形成以金、银色为主色系的壁纸。这种壁纸给人一种华丽炫目、庄重大方的感觉，较多地适用于餐饮、娱乐场所，如歌舞厅、迪吧等。

(10) 玻纤壁纸

玻纤壁纸也称玻璃纤维壁布，如海吉布。它是以玻璃纤维布作为基材，表面需涂刷涂料或印花而成的新型墙壁装饰材料。玻纤壁纸花样繁多，色彩鲜艳，在室内使用不褪色、不老化，防火、防潮性能良好，可以刷洗，施工也比较简便。

可以认为，随着技术的进步和人的生活理念的转变，新型壁纸的材质愈加注重以人为本，纯天然的木材、草、叶、麻、棉、石、纤维等与环保紧密相关的绿色产品也可成为壁纸的原料。而透气好的特点再次让人们对新型壁纸刮目相看，即便是塑料壁纸，由于其增添了助剂，透气性较以前也改善了许多，使壁纸不再是房间憋闷的元凶。尤其是进口壁纸，环保指标非常严格，不但不会对身体产生危害，有的甚至可以散发出淡淡幽香。当然，新型壁纸的款式、图案之丰富也让人目不暇接，有仿绸缎、仿木纹、仿墙砖的；有平面型、凹凸浮雕型的；图案内容则有花草、条纹、抽象、卡通人物等，花样繁多、数不胜数。

2．壁纸的规格

壁纸的规格一般有以下三种：

① 幅宽 530 ~ 600 mm，长 10 ~ 12 m，每卷为 5 ~ 6 m² 的窄幅小卷。

② 幅宽 760 ~ 900 mm，长 25 ~ 50 m，每卷为 20 ~ 45 m² 的中幅中卷。

③ 幅宽 920 ~ 1 200 mm，长 50 mm，每卷为 46 ~ 90 m² 的宽幅大卷。

宽 0.53 m、长 10 m 的壁纸是市场上最常见的一种规格。它施工方便，选购数量和花色灵活,比较适合家用,一般用户可自行粘贴。中卷、大卷粘贴工效高、接缝少,适合公共空间。

3．壁纸粘贴的基层处理

粘贴壁纸前,基层表面必须清洁、平整,因此,在粘贴前要对基层进行处理,一般用专用腻子找平。处理基层表面时,首先要清理基层,使其无灰尘、油渍、杂物等。然后根据基层的实际情况刮抹腻子,一般应满刮两遍,直至基层平整、光滑。待腻子干后,用细砂纸打磨,除去刮痕和残留杂物后才能刷基膜,干透之后方可粘贴壁纸。

基膜是替代有污染清漆的一道坚固的保护膜,属于水性环保、无刺激性气味的液体,在壁纸和墙面之间能起到固化、防潮和保护腻子表层的作用,有利于粘贴壁纸,也方便二次壁纸施工。

4．壁纸的粘贴工艺

粘贴壁纸前,首先要进行弹线。弹线就是在处理好的基层上弹上水平线和垂直线,使粘贴时有依据,以保证粘贴的质量。第一条线应该弹在墙面第一张壁纸粘贴的外侧,位置应定在墙角,小于壁纸幅宽 50 ～ 80 mm 处,这样能将壁纸裁边后放在墙的阴角处;第二条线应弹在有窗户的墙面的中心线,以保证窗间墙阳角图案对称;第三条线是在墙面上端弹出水平线,以控制水平度。

裁纸是壁纸粘贴的一个重要环节,应在量出墙顶到底部踢脚的高度后,在地面上将壁纸裁好,壁纸的下料尺寸应比实际尺寸长 10 ～ 20 mm。针对需要对花拼图的壁纸,特别是大图案的壁纸,为了避免浪费,从上部就应对花,从而将纸的不同部位按其大小统筹规划后进行裁剪,并将裁好的纸编号,按顺序粘贴。裁好的壁纸要经过润湿后才能粘贴,一般在清水中浸润后,放置 10 min 即可刷胶。

刷胶是粘贴壁纸的关键环节,为保证粘贴的牢固性,壁纸背面及墙面都应刷胶(目前常用以天然糯米淀粉为原料,并且较为环保的糯米胶来代替其他粉状类、树脂类壁纸胶),要求胶液涂刷均匀、严密,不能漏刷,注意不能裹边、起堆,以防弄脏壁纸。墙面刷胶的宽度应比壁纸的幅宽多 30 mm。壁纸背面刷胶后,应将胶面与胶面对叠摆放,这样既能防止胶面很快变干,又能防止污染纸面,同时便于粘贴操作。

粘贴壁纸的原则是:先垂直后水平,先上后下,先高后低。第一张纸应从墙的阴角开始粘贴,按弹好的垂直线吊直,从上向下轻轻压平后,由中间向两侧压敷,再用刮板由上而下、由中间向两侧刮抹,使壁纸与墙体贴实,并使壁纸平整。第二张壁纸与第一张壁纸的搭接方法如下:

① 若不用对花,则纸幅搭接处重叠 20 mm,在接缝处用钢板尺压实,从上

到下用壁纸刀将重叠部分的中间割断，取下剩余部分后用刮板刮平。

② 若需要对花，则将两张纸重叠对花，用钢尺压实重叠处，并从中间割断，取下割断的纸条，用刮板刮平后即可。另外，墙顶和踢脚处应接缝严密，不能有缝隙，用刮板沿墙及踢脚的边沿将其压实，用壁纸刀切齐后刮平。粘贴壁纸时挤出的胶液也要及时用湿毛巾擦净。

墙面遇到电器插座、电源开关时，可将壁纸轻轻敷于上面，找到中心点，从中心切割十字，用壁纸刀裁去多余部分，用刮板沿插座、开关面板四周将壁纸刮平。当然，由于不同壁纸的特性不同，粘贴时在工艺上会存在细微的差别。

壁纸由于其材料的特性所呈现出的质感各具特色，有光滑细腻的平面、仿石头漆的颗粒表面、手感粗糙的麻质表面等。无论何种空间风格，似乎都可以选到合适的壁纸，而多样的颜色、图案和立体效果更给设计者提供了创意空间，特别是较为流行的新型壁纸，不但安全环保，而且基面上有各种凹凸纹理，可根据不同的设计风格涂刷各种涂料。但不足的地方是壁纸的价格较高，施工较复杂，一般适合个性化装修和所谓的高档装修。

5．壁布

壁布作为壁纸的另一种表现形式，质感丰厚，在视觉效果上带给人软性、温和的情绪，整体感觉大方、华丽。

壁布是近年来不断发展的一种新型装饰材料。壁布表层材料的基材多为天然物质，质地柔软，装修后使用更为安全、可靠。产品具有对人体无刺激、柔韧性好、不易断裂、吸声、无味、无毒的特点，装饰效果典雅、大方。壁布从材料层次上，可分为单层和复合两种。单层壁布的材料有纯棉布、混纺布、化纤、无纺布、皮革、丝绸、锦缎等；复合壁布是由两层以上的材料复合而成的，表层材料也非常丰富，背衬材料主要是发泡聚乙烯，分为发泡及低发泡两种。目测这两种材料的区别主要是背衬材料的厚度不同，单层壁布和复合壁布的表层材料都经过了工艺处理，提高了材料的耐擦洗和阻燃性能，方便工程使用。

单层壁布的施工操作程序与壁纸基本相同。单层壁布可做适当清洗，一般耐擦洗次数在 40 次左右，清洗剂为清水或稀释的洗净剂。复合壁布一般不能擦洗，可用吸尘器吸净表层浮土，因此，在使用中注意不要污染布面。

复合装修法是在粘贴好的墙纸上再涂刷一层乳胶漆，这种方法综合了墙纸与乳胶漆的双重优势，使墙面兼具墙纸的丰富肌理和乳胶漆鲜艳、稳定的色彩，极大地增强了墙面的装饰效果，延长了墙纸的使用寿命；更重要的是，墙面可以反复涂刷不同的色彩，具有多变的外观。复合装修法不适合所有墙纸，而是需要特殊的墙纸纸基，可以很好地让乳胶漆附着，这样才能获得完美的装饰效果。

前面讲到玻纤壁纸时提到了海吉布，其实海吉布只是一个奥地利商标品牌，是由胶、壁布、涂料三种材料组合的复合材料，是一种新型的墙面装饰材料。而 HGT 海吉牌石英壁布是一种由高品质石英纤维、海吉陶瓷丝光涂料及海吉胶组成的高科技复合墙面装饰材料，所有原料完全采用纯天然、可循环材质制造，是天然、安全、无毒的绿色环保产品。HGT 海吉牌石英壁布的特点如下：

① 安全性。海吉布用 100% 石英，采用高科技工艺拉丝纺织而成，具有不燃的防火性能。即使在受热时也不会释放出有毒的气体和烟雾，具有绝对可靠的安全性和无毒性。

② 环保性。石英纤维之间具有良好的透气性，而与之配套的胶、涂料都具有水分容易蒸发的特性，即使在潮湿的环境中也能确保墙面不发霉、不变色。它还可以运用在厨房、卫生间，替代瓷砖、大理石，使空间更具特色和个性。而作为石英长丝编织的海吉布，其韧性还可以起到防止墙体出现裂痕、墙面发生破裂的保护作用，并且在空气中没有任何飘尘，它不同于某些国产的由短丝编织而成的玻璃纤维布。

③ 实用性。海吉布是三位一体的产品，胶、壁布和涂料珠联璧合，装饰性和实用性两者兼得。同时，它拥有 2 700 多种颜色、60 多种花纹。每一种海吉布都呈现出不同的肌理、富于温情的质感、触感及丰富的色彩世界。

④ 耐久性。海吉布寿命可达到 75 年以上，每次海吉涂料的寿命在 15 年以上，且可以 5 次更换颜色。此外，海吉布可适应各种墙面，如砖砌墙、木质墙、瓷砖墙、石膏板墙等。

2.7.2　地毯

地毯是以动物毛、植物麻、合成纤维等为原料，经过编织、裁剪等加工过程制造的一种地面装饰材料。地毯具有质地柔软、脚感舒适、使用安全的特点，同时具有隔热、防潮的功能。在装修中，地毯满铺或作为地面的局部装饰，都能达到不错的装饰效果（见图 2-7-3 和图 2-7-4）。

图 2—7—3

图 2—7—3　地毯在空间中起到统领视觉整体的作用

图 2—7—4　地毯的柔韧性能塑造出别样的立体效果

图 2—7—4

1. 地毯的分类

按材质，地毯可分为纯毛地毯、混纺地毯、化纤地毯、塑料地毯等。

按成品的形态，地毯可分为整幅成卷地毯、方块地毯。

按编织工艺，地毯可分为手工编织地毯、机织地毯、簇绒编织地毯、无纺地毯。

按绒面结构，地毯可分为圈绒地毯、剪绒地毯（也称割绒地毯、簇绒地毯）、圈剪绒结合地毯。

制造方法相同的地毯只要绒面结构不同，其外观和手感就有很大区别。单色地毯若在绒面结构、绒面高度上加以变化，也会出现别致而含蓄的图案效果。剪绒地毯的绒面结构呈绒头状，绒面细腻，触感柔软，绒毛长度一般为 5～30 mm。绒毛短的地毯耐久性好，步行轻捷，实用性强，但缺乏豪华感，舒适弹性感也较差；绒毛长的地毯柔软、丰满，弹性与保暖性好，脚感舒适，具有华美的风格。圈绒地毯的绒面由保持一定高度的绒圈组成，具有绒圈整齐、均匀，毯面硬度适中而光滑，行走舒适，耐磨性好，容易清扫的特点，适宜在人流量较大的地方铺设。若在绒圈高度上进行变化或部分剪绒，就可显示出变化，花纹含蓄大方、优雅（见图2-7-5）。

①
②
③
④

图2-7-5

（1）纯毛地毯

纯毛地毯的主要原料为粗绵羊毛。纯毛地毯的手感柔和，拉力大，弹性好，图案优美，色彩鲜艳，质地厚实，脚感舒适，并具有抗静电性能好、不易老化、不褪色等特点，是高档装修中地面装饰的主要材料。但纯毛地毯的耐菌性、耐虫蛀性和耐潮湿性较差，价格昂贵。根据制作工艺的不同，纯羊毛地毯分为手织、机织和无纺三种。手织地毯价格较贵；机织地毯相对便宜；无纺地毯是较新的品种，具有消音抑尘、使用方便等特点。由于羊毛地毯的价格相对偏高，容易发霉或被虫蛀，所以家庭使用一般选用小块羊毛地毯进行局部铺设。

（2）混纺地毯

混纺地毯是在纯毛纤维中加入一定比例的化学纤维制成的地毯。这种地毯在图案花色、质地手感等方面与纯毛地毯差别不大，但克服了纯毛地毯不耐虫蛀、易腐蚀、易霉变的缺点，同时也提高了地毯的耐磨性能，大大降低了地毯的价格，使用的范围更加广泛，在高档装修中成为地毯的主导产品。

（3）化纤地毯

化纤地毯也称为合成纤维地毯，是以绵纶（又称为尼龙纤维）、丙纶（又称为聚丙烯纤维）、腈纶（又称为聚乙烯蜡纤维）、涤纶（又称为聚酯纤维）等化学纤维为原料，采用簇绒法或机织法加工成纤维面层，再与麻布底缝合成的地毯。其质地、视感都近似于羊毛，耐磨而富有弹性，鲜艳的色彩、丰富的图案都不亚于纯毛，具有防燃、防污、防虫蛀的特点，清洗和维护都很方便，在一般家庭装修中使用也日益广泛。化纤地毯以尼龙地毯居多，用尼龙织造的地毯耐磨而富有弹性，不易老化，耐菌、耐虫、耐腐蚀、耐拉伸、耐曲折、耐破损性能较好，比较适合铺在走廊、楼梯、大厅等公共区域。经过特殊处理的尼龙地毯不易产生静电，而且易燃、易污的缺陷已经得到了解决。

（4）塑料地毯

塑料地毯由聚氯乙烯树脂等材料制成，虽然质地较薄、手感硬、受气温的影响大、易老化，但这种材料色彩鲜艳、

图 2-7-5　地毯具有丰富的表面效果和质感

耐湿性、耐腐蚀性、耐虫蛀性及可擦洗性都比其他材质有了很大的提高，特别是具有阻燃性和价格低廉的优势。在家庭装修中多用于门厅、玄关及泳池边上的休息空间。

（5）草编地毯

草编地毯是以草、麻或植物纤维加工制成的具有乡土风格的地面铺装材料。

2. 方块地毯

方块地毯的毯面可由不同材质构成，如尼龙毯面、丙纶毯面。方块地毯还可以成套供货，每套由若干块形状、规格不同的地毯组成，也可以由花色各不相同的小块地毯拼成不同的图案。目前，公共办公空间、阅读空间等一般都是块状地毯的最大用户，同时在普及过程中也受到日本、欧美等很多家庭的青睐（见图2-7-6）。

图 2-7-6　方块地毯在室内空间中应用越来越广泛

图 2-7-6

方块地毯的常见规格为 500 mm×500 mm、1 000 mm×1 000 mm，其基底一般比较厚，还要在第二层麻底的下面加 2～3 mm 厚的胶，在胶的外面再贴上薄薄的毯片。方块地毯按底背不同，可分为 PU 底、PVC 底及改良环保型沥青底背方块地毯。尼龙毯面方块地毯，可用 PU 和 PVC 底背；丙纶毯面方块地毯，可用 PVC 底背。而 PU 底背方块地毯是新型地毯材料，这里有必要重点介绍一下。

PU 底背方块地毯是在地毯底背涂附一层高弹性聚氨酯材料，与传统的普通 PVC 底背和沥青底背方块地毯相比，它具有以下特点：

一是弹性好，解决了 PVC 底背和沥青底背方块地毯太硬而没有地毯感觉的缺点，脚感舒适。

二是隔热性显著提高，由于 PU 软底发泡层有空气存在，隔热性与 PVC 底背相比有显著提高。

三是由于空气层的存在，隔音效果提高。

四是环保节能。PU 底背方块地毯采用的是双层绿色环保发泡胶底，不含沥青层，绝对不含有甲醛、乙醛等有害成分，不会释放影响人体健康的有害物质，不会散发令人不愉快的气味，而且 100% 可回收，是一种环保节能的铺地材料。

五是安全防滑。PU 软底由于其不受温度、湿度的影响，外形尺寸与其他底背相比相对稳定，不变形、不翘起，始终保持地面的平整和美观。同时，铺装粘地的环保胶水易与 PU 胶底接合，黏合牢固，不滑动，从而块毯之间拼接紧密、无缝隙。

六是铺设方便。由于具备地板的组装性和可拆卸性，同时具备了比地板更高的安全性、舒适性、环保性、隔音性和更个性化的图案，PU 底背方块地毯更优异的综合性能使软性铺地材料替换硬质地板成为可能。

3. 地毯的铺设

① 地毯的铺设方式有两种，即固定式铺设和活动式铺设。

a. 固定式铺设一般有两种方法：一种方法是简易铺装法，就是直接将地毯用胶黏剂粘在地面上，亦称为乙级铺装。另一种方法更为规范，是先在地面铺一层橡胶或泡沫软垫，再在上面铺平地毯，并在地面四周边缘用倒刺木钉条固定地毯，使人在走动时地毯不产生移动或变形。在地毯拼接的地方，需要用烫带将两块地毯黏接在一起，这种方法也称为甲级铺装。

固定式铺设一般有以下辅助材料和工具：

•胶垫。胶垫富有弹性，铺在地毯下面使人踩在地毯上感觉更加柔软、舒适，并可阻隔潮气。

•烫带。烫带用来将要拼接的两块地毯黏接在一起。

· 木钉条。木钉条通过表面的倒刺，将地毯四边边沿固定在房间的四条边上。

· 金属或木收口。金属或木收口用来将地毯边缘压住，使地毯不致被行人踢起。

· 电熨斗。电熨斗是在地毯接缝时，用来熔化烫带表面的胶，并将地毯黏接在一起的工具。

· 地毯撑。地毯撑是用来将地毯撑平展的工具。

· 修边刀。修边刀是在地毯与墙角接合处，用来将地毯边缘平整地裁下的工具。

· 剪刀。剪刀主要用来裁剪地毯。

· 边铲。边铲主要用来将地毯边在墙角处压平。

b. 活动式铺设是将地毯浮搁在地面上，不需要地毯与地面固定。此方法铺设简单，易于更换。

② 地毯的铺设还可分为方块地毯的铺设和成卷地毯的固定铺设，下面分别介绍。

a. 方块地毯的铺设。方块地毯的铺设方便、灵活，位置可随时变动，不仅给室内设计提供了更大的选择性，同时也可满足用户不同的审美情趣，而且磨损严重部位的地毯可随时调换，从而延长了地毯的使用寿命。方块地毯本身较重，当人在地毯上行走时不易卷起，所以方块地毯大多采用活动式铺设或胶粘。其铺设过程如下：弹线→铺地毯块→裁边→整理绒毛→压边。

b. 成卷地毯的固定铺设。

· 倒刺木钉条固定铺设。倒刺木钉条铺装地毯是地毯铺装最基本的方法，也是应用最多的地毯铺装方法。一般是在房间周边地面上安设带有倒刺的木条卡，将地毯背面固定在倒刺板的小钉钩上（见图2-7-7）。这种方法只适用于下面设有单独的弹性胶垫的地毯固定。其铺设过程如下：基层清扫处理，地毯裁割，钉倒刺板→铺胶垫层→接缝→张平→固定地毯→收边→修理地毯面→清理。

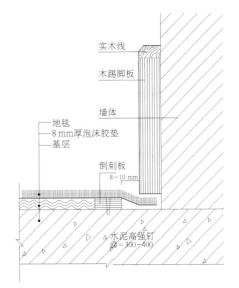

图2-7-7

图2-7-7　倒刺木钉条铺装地毯构造

• 粘贴固定铺设。成卷地毯表面易隆起，当地毯较薄时，很容易变形，故多采用粘贴固定铺设方法。其方法如下：

一是满刷胶法。这种方法一般用于人活动较为频繁的场所。铺设前，应根据房间尺寸对地毯进行裁切。如房间宽度大于地毯宽度，则还需拼缝另一条地毯，此时应裁剪一条绒毛方向与其相同的地毯条，用接缝胶带拼接好，再将地毯卷起 1/2 以上，在地面中间刷一道地毯胶，晒停 5 ～ 10 min 后，铺设并黏结地毯，涂刷面积不要太大。铺毯后，应用地毯撑将地毯向四边撑拉，再沿墙面四边的地面刷涂 120 ～ 150 mm 的胶黏剂，将地毯与地面粘牢。面积狭长的走廊、影剧院观众厅走道等地面铺设地毯时，应采取逐段铺设固定的方法，即纵方向每 2 m，两侧长边在离边缘 20 mm 处分别刷胶固定地毯。

黏结地毯时，要先将地毯拉平，铺平后再黏结牢固并压平、压实，将多余的部分裁掉即可。

地毯的拼缝可以使用麻布带黏结，即先在地毯缝部位下部取 100 mm 左右宽的麻布带，并在带上刷胶，然后将地毯接缝粘牢。

二是局部刷胶法。这种方法用于不常走动且家具摆放较多的房间。施工时，采用满刷胶法先试铺地毯，拼好接缝，卷起地毯的1/2，在地面中间刷一条地毯胶，晾后铺平地毯，再沿墙边刷两条胶，铺放地毯后，即可放置周边家具，压住地毯。对于两房间地毯接缝处，可以在接缝处刷一遍胶，按接缝大小，裁好地毯条，粘贴于接缝处并压平、压实。

有时也可用双面胶带固定地毯，这样装拆方便、铺设简单。

2.7.3　PU 合成革

作为卷材之一，PU 革也是当下不可忽略的一种新型装饰材料。PU 是英文 poly urethane 的缩写，实际上就是常说的"聚氨酯"。PVC、PU 的用途很广泛，PVC、PU 革统称人造革或仿皮，用作人造革只是其中一部分，可制作衣服、包、鞋和室内装饰物等。在我国，人们习惯将以 PVC 树脂（聚氯乙烯）为原料生产的人造革称为 PVC 人造革（简称人造革）；将以 PU 树脂与无纺布为原料生产的人造革称为 PU 合成革（简称合成革）。简而言之，PU 合成革就是含有聚氨酯成分的表皮，背面则是布基（或针织布基）。

PU 革具有优异的性能，物理性能要比 PVC 革好。作为一种人造合成材料，它具有真皮的质感，但基于保护动物的理念及人们生态意识的提高，加之技术的不断发展，PU 合成革的性能和应用范围也逐渐超过了天然皮革。其加入超细纤维后，韧性和透气性、耐磨性都得到了进一步加强，因此耐曲折，柔软度好，

抗拉强度大，具有透气、质感丰富的特性，具备许多 PVC
革所无法比拟的优点，成为代替天然皮革较为理想的材料。
从国内外的多种设计行业来分析，PU 合成革已有取代资源
不足的天然皮革的趋势，其应用范围之广、数量之大、品
种之多是传统的天然皮革无法比拟的。殊不知，由于 PU
合成革具有丰富的形态、色彩和质感，所以其不仅契合当
下提倡的生态环保理念，甚至也是奢侈品（如 LV 等品牌
手袋）"代替动物皮毛"的环保材料（见图 2-7-8）。

当然，PU 合成革的质量也有优劣，好的 PU 合成革甚
至比真皮价格还昂贵。

图 2-7-8

图 2-7-8　采用 PU 合成革饰面的客房吧台局
部，其质感与天然皮革别无二致

2.8 涂料类

2.8.1 涂料的特点

涂料是指涂敷于物体表面，与基体材料很好地黏结并形成完整而坚韧保护膜的物质。由于在物体表面结成干膜，故又称为涂膜或涂层。涂料与其他饰面材料相比，具有重量轻、色彩鲜明、附着力强、施工简便、省工省料、维修方便、质感丰富、价廉质好以及耐水、耐污染、耐老化等特点。例如，建筑物的外墙采用彩色涂料装饰，与传统的装饰工程相比，更给人以清新、典雅、明快、富丽的感觉，并能获得较好的艺术效果。常见的浮雕类涂料具有强烈的立体感；用染色石英砂、瓷粒、云母粉等做成的彩砂涂料又具有色泽新颖、晶莹绚丽的良好效果；使用厚质涂料经喷涂、滚花、拉毛等工序可获得不同质感的花纹；而薄质涂料的质感更细腻、更省料。

2.8.2 涂料的分类

按涂装部位的材质不同，涂料可分为墙漆、木器漆、金属漆。其中，墙漆包括外墙涂料、内墙涂料、顶面涂料，主要是乳胶漆品种；木器漆分为清漆、色漆、烤漆等，主要有硝基漆、聚酯漆、聚氨酯漆等（见图 2-8-1 和图 2-8-2）；金属漆主要指磁漆、防锈漆。

图 2-8-1

图 2-8-1　采用白色烤漆的木质装饰柜

图 2-8-2

图 2-8-2　电视柜白色烤漆与透明清漆的有机
组合

按稀释溶剂不同，涂料又可分为水性涂料和油性涂料。乳胶漆属于水性涂料，而硝基漆、聚酯漆等多属于油性涂料。

按形成涂膜的质感，涂料可分为薄质涂料、厚质涂料和粒状涂料三种。

这里只介绍几种常见的涂料。

1. 乳胶漆

乳胶漆主要是以水作为稀释剂，也有以有机溶剂作为稀释剂，称为溶剂型涂料，但较少使用于家庭装修中。

乳胶漆也有底漆和面漆之分，底漆的主要作用是填充墙面的毛细孔，防止墙体碱性物质在深处侵害面漆；面漆主要起到装饰和防护的作用。根据漆膜光泽的强弱，涂料又可以分为无光、半光（或称平光）和有光等品种。

常用的建筑内墙涂料以乳胶漆为代表，常见的有立邦漆、多乐士、来威漆等。

2．自流平

地面涂料的主要功能是装饰与保护室内地面，使地面清洁、美观，与其他装饰材料一同创造优雅的室内环境。为了获得良好的装饰效果，地面涂料应满足以下要求：耐碱性好、黏结力强、耐水性好、耐磨性好、抗冲击力强、涂刷施工方便及价格合理等。在对空间的清洁要求越来越高的情况下，出现了一种"新"的地面涂料——自流平。目前，国外的许多洁净空间地坪通常采用整体聚合物面层，其中基本上以一种称为"自流平涂料"的材料为主。由于在一般情况下涂料的化学基材为环氧树脂，所以国内一般称为"环氧自流平涂料"。目前，这种涂料在国内被众多的厂家和用户所接受和使用，使用范围已波及学校教室及图书馆、医院及制药厂、办公空间、咖啡厅、实验室等，家庭装修也逐渐接受了此材料及此材料形成的效果。例如，清华大学美术学院教学楼的墙面、地面（见图 2-8-3）就

图 2-8-3　清华大学美术学院美术馆的墙面、地面均采用了乳胶漆和自流平涂料

图 2-8-3

大量采用了环氧自流平涂料和聚氨酯自流平涂料，总体感觉还是不错的。

环氧树脂自流平涂料是以环氧树脂为涂料成膜物，再通过添加固化剂、无挥发性的活性稀释剂、助剂和颜料、填料配制成的一种无溶剂型的高性能涂料。这种涂料自流平性好，固化后表面平滑、无接缝，保持了地面的清洁卫生，色彩典雅，不易沾污，并具有优良的耐水、耐磨和耐化学品侵蚀的性能，同时因其具有弹性特征，所以能降低噪声，使步行者行走舒适，但施工时对基层的平整度要求很高。

随着合成技术的进步，自流平涂料的生产及应用技术得到一些发展。例如，考虑到聚氨酯涂料耐磨性更好的特点，一些厂家也发展聚氨酯基的自流平涂料，目前在一些室内装修工程中也常使用。为了满足一些特殊的空间风格，有时要求表面呈现亚光效果，以前一些厂家或工程公司在施工时只能通过刷子在不干的表面压制出亚光效果，这样就可能导致亚光效果的不均匀，现在一些厂家通过对配方进行调整，发展了一种具有天然的亚光效果的自流平涂料，采用这种涂料施工后，不再需要其他工艺就能获得亚光效果。

3. 特种涂料

特种涂料不仅对被涂物起到保护和装饰作用，还具有特殊的功能作用，在室内设计项目施工中成为不可回避的重要环节，愈加得到重视。例如，防火涂料，其可以有效延长可燃材料（如木材）的引燃时间，阻止非可燃结构材料（如钢材）表面温度升高而引起强度急剧丧失，阻止或延缓火焰的蔓延和扩展，使人们能争取到灭火和疏散的宝贵时间。

防火涂料可用于钢材、木材、混凝土等材料，除钢结构防火涂料外，其他基材也有专用的防火涂料品种。

防水涂料主要用于地下工程、厨卫等空间。早期的防水涂料以熔融沥青及其他沥青加工类产物为主，由于其不够环保，现在已极少使用。近年来，以各种合成树脂为原料的防水涂料逐渐发展，按其状态，可分为溶剂型、乳液型和反应固化型三类。其中，反应固化型防水涂料是以化学反应型合成树脂（如聚氨酯、环氧树脂等）配以专用固化剂制成的双组分涂料，是具有很好的防水性、变形性和耐老化性能的高档防水涂料。

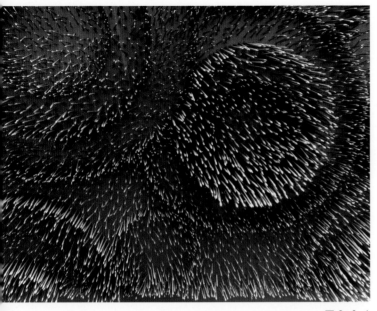

图 2-9-1

图 2-9-2

2.9　金属及型材类

我们在欣赏一些优秀作品时，常常对其精湛的金属制作工艺和丰富的创造力（见图 2-9-1 和图 2-9-2）叹为观止，并力图在自己的设计中效仿应用。但由于缺乏相应的施工工种的配合，往往只能把完美的造型终止在图面上，结果在施工现场做出来的成品大打折扣，令设计师摇头苦笑。

目前，国内装修行业仍然以木工、油工作为主导工种，金属类材料的施工队伍缺乏，技术基础明显薄弱，常常导致实际工程中材料搭配和处理出现错误。

另外，我们还注意到，由于历史文化的积淀，在大众的审美趋向方面也存在一些差别，故在效仿和学习西方具有较高技术的作品时，应考虑到受众的心理承受力。

图 2-9-1　普通的钉子经过重构同样能流露出艺术气质

图 2-9-2　以金属零件组合成的各种形态充满视觉张力

2.9.1　金属及型材的种类

金属及型材用在室内工程上可分为两大类：一类为结构材；另一类为装饰材。结构材较厚重，有支撑作用，多用作骨架、支柱、扶手、楼梯；装饰材薄而易于加工处理，可铸冶成成品、半成品或用作幕墙板。

金属材料具有耐久性强、容易保养、色泽效果佳、塑性大的特点，但造价较高、施工要求高。因此，在设计选材时，一定要了解所用材料的属性，尤其是其细部构造。

1. 钢材

钢材的主要品种有钢管、钢板、花纹钢板、H 形钢、角钢、方钢、槽钢等（见图 2—9—3）。

图 2—9—3　由 100 mm × 100 mm 方钢管作为架空层的结构支撑材料，楼梯踏步和门的局部均采用了表面处理的钢板

图 2—9—3

2．不锈钢材

不锈钢材由钢材加工处理制作，耐腐蚀性强，但并非绝对不生锈，不锈钢材长久地经过雨淋或水侵蚀，表面仍会生锈，生锈时要随即擦拭，若生锈太深，则很难去除，故不锈钢材的保养工作十分重要。不锈钢材分为板材和型材等。在设计中常见的有不锈钢镜面板、雾面板、布面板、拉丝板、腐蚀雕刻板、凹凸板、方管、圆管等（见图 2-9-4）。不锈钢材也可镀钛形成钛金板，营造出金色的视觉效果。

图 2-9-4　不锈钢方管使墙面富有层次感和节奏感

图 2-9-4

3．铜材

铜材会生铜绿，故使用铜材作为器具时通常加入其他金属而成为合金，如高级水龙头，也可以为铜板、铜管的表面加其他保护膜。

在建材中常用的铜材有五金、浴室配件、铜管、铜条、铜板（光镜面、古铜色、布面、纱面、腐蚀面、凹凸面）等（见图2-9-5）。

图 2-9-5

在室内设计中使用铜材时应注意对其进行保养，在公共场所要有人员进行擦拭。

图 2-9-5　楼梯踏步上采用铜材作为地毯棍

4．铝材

铝材是指在铝中加入其他合金元素而形成的合金铝，是常见的有色金属之一。铝材质轻、耐用、防腐，普遍用于室内装饰工程。铝材经氧化、电泳涂装、氟炭喷涂、粉末喷涂、木纹转印等特殊表面处理，会产生不同的色彩和质感。铝材或复合铝材在室内装修工程中常以如下形态出现。

(1) 铝门窗

铝合金作为门窗早已普遍使用，如今被塑钢门窗冲击不小。其质轻、安装方便、耐用，但注意要保证厚度，否则质轻易变形。另外，还要注意安装地点，靠近海边及工厂边常受卤气及空气污染，若使用铝合金，则不到一年即会斑驳、腐蚀。

(2) 铝格栅

铝格栅也称为铝网格天花板，多为规格不一的方形网格。铝格栅具有开放的视野，通风、透气，线条整齐、层次分明，体现了简约、朴实的空间风格，并且安装和拆卸简单、方便。铝格栅之间的空隙尺寸多为 50 mm×50 mm、75 mm×75 mm、100 mm×100 mm、125 mm×125 mm、150 mm×150 mm、200 mm×200 mm 等；铝格栅自身的厚度为 10 mm 或 15 mm，高度有 20 mm、40 mm、60 mm 和 80 mm 等。铝格栅常用于展览、商业、办公、教学空间的吊顶等。对于铝格栅，我们经常看到，并不陌生。

(3) 铝蜂窝芯复合板

铝蜂窝芯复合板简称铝蜂窝板，其面板主要选用优质的合金铝板或高锰合金铝板为基材，面板厚度为 0.8 ~ 1.5 mm 氟碳滚涂板或耐色光烤漆，芯材采用六边形铝蜂窝芯。这些相互牵制的密集蜂窝犹如许多小工字梁，可分散承担来自面板方向的压力，使复合板受力均匀，保证了面板在较大面积时仍能保持很高的平整度。它具有突出的高负荷抗挠曲能力，不易变形，而且重量轻，每平方米只有 3 ~ 7 kg。

铝蜂窝芯复合板具有较好的防火、质轻、耐腐蚀、绿色环保等优势，可以满足室内设计要求而成形为各种弧形、圆弧、棱边、转角；面板可多样化，如实木、铝板、石膏板、天然大理石等，均可做成蜂窝复合板。在建筑物中，铝蜂窝芯复合板既可用于幕墙系统，也可用于室内墙面、吊顶、包柱等。

(4) 铝方通

近几年，铝方通越来越受到关注，其使用范围也愈加广泛。随着人们审美视野的拓展、生活品位的提升，人们对天花的质量和艺术要求越来越高，尤其是随着国内室内装饰行业的发展，人们对室内天花吊顶装饰产品的要求也不断提升，随之各种新型的铝方通产品便应运而生。

铝方通的断面基本都呈闭合形态，其品种丰富多样，有木纹铝方通、型材铝方通、板材铝方通、覆膜铝方通、滚涂铝方通等产品，主要可分为 U 形铝板铝方通、型材铝方通、特殊铝方通（见图 2-9-6 ~ 图 2-9-8）。

图 2-9-6

图 2-9-7

图 2-9-6　铝方通断面

图 2-9-7　铝方通用于吊顶属常见做法

图 2-9-8　木纹铝方通组成的天花吊顶

图 2-9-8

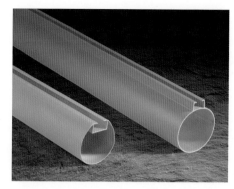

铝方通的规格：底宽一般为 20 ~ 300 mm，高度为 20 ~ 600 mm，厚度多为 0.4 ~ 2.0 mm。

铝方通天花吊顶安装简单、快捷，由于每条铝方通都是单独的，可随意安装和拆卸，也无须特别工具，便于维护和保养。其实，设计安装不同的铝方通、木纹铝方通、型材铝方通、板材铝方通，都可以选择不同的高度和间距，可一高一低、一疏一密，加上合理的颜色搭配，能够呈现出形态各异的装饰效果。同时，由于铝方通组合是间隔、通透式的，可以把灯具、空调系统、消防设备置于天花内，以达到整体一致的视觉效果。

实际上，铝方通的断面不见得都是闭合的长方形，也常有其他的形态，如圆管铝方通。其线条明快整齐、层次分明，具有开放的视野，通风、透气，安装后使顶部极富立体感和形式感 (见图 2-9-9 和图 2-9-10)。

图 2-9-9　圆管铝方通的断面
图 2-9-10 采用圆管铝方通的吊顶

图 2-9-10

这里有必要多说几句，一直感觉当下业内对材料的称谓似乎不够严谨，过于混乱，缺乏逻辑。每每有新材料出现，都被冠以悦耳的名字，或制造噱头，或吸引眼球，或肆意夸大。介绍石材类时提到的"文化石"想必大家还记忆犹新，由于其形态千篇一律，设计缺乏新意，并没流露出多少文化气息，致使市场境遇每况愈下。既然是铝"方"通，顾名思义，应以方形或长方形的形态呈现，而"圆管铝方通"的称谓就显得不够严谨、过于随意了，称之为"铝圆通"似乎在逻辑上更贴切些。如同"大理石"的称谓虽源自云南大理，但同类石材分布很广，遍布各地，正如产自意大利的石材被称为"意大利大理石"一样，似乎也不合逻辑，但约定俗成，那就只好作罢，不必较真了。

当然，作为天花吊顶材料，铝方通只是常用材料之一，还有一些问世更早、经常使用的吊顶铝材，如铝挂片（或称铝垂页）、铝挂板、铝扣板（方形、条形、冲孔、异形）等，形态各异，这里不再赘述（见图 2-9-11 ~ 图 2-9-14）。

图 2-9-11

图 2-9-12

图 2-9-13

图 2-9-14

图 2-9-11　铝垂页吊顶更为常见
图 2-9-12　仿木条形铝挂板吊顶也不鲜见
图 2-9-13　冲孔铝扣板组合而成的叠级吊顶
图 2-9-14　特殊加工的铝扣板吊顶

（5）铝塑板

铝塑板也称铝塑复合板或复合铝板，是由涂覆、挤压、黏接方法制成的两面为铝板，中间层为无毒聚乙烯塑料芯材的三层复合板，俗称三明治式构造的"铝包塑"。同时，产品表面还被覆以装饰性和保护性的涂层或薄膜作为产品的装饰面，正面板一般涂覆装饰性涂层，背面板涂覆保护性涂层。目前，铝塑板使用得非常普遍，我们在电信营业厅、银行储蓄所等空间中经常能见到它。铝塑板以其经济性、可选色彩的多样性、便捷的施工方法、优良的加工性能、绝佳的防火性及高贵的品质，迅速受到人们的青睐。可以说，它已运用得相当"成熟"了（见图2-9-15）。

通过表面处理，铝塑板能形成丰富的颜色、纹样、图案、光泽等装饰效果。铝塑板具有下列特性：

① 轻量性、刚性。铝塑板在等价刚性比方面，比铝板的重量轻40%。

② 平整性。铝塑板的表面非常平滑，没有歪曲及翘曲。

③ 耐冲击性。铝塑板的中心部由具有黏弹性的高分子树脂构成，不会有裂痕及破损，具有非常强大的冲击耐久力。

④ 易加工性。使用金属加工工具和木工加工工具，铝塑板可以轻易地进行切断、弯曲、沟槽加工、曲面形成等。

⑤ 耐蚀性及耐久性。铝塑板经表面处理，具有不受湿度变化影响的优

图 2-9-15

图 2-9-15 由铝塑板构成的墙面及包柱
图 2-9-16 轻钢龙骨连接构造
图 2-9-17 施工中的轻钢龙骨石膏板吊顶

越耐蚀性和耐久性。这种板材轻质、隔声、隔热、防潮，主要用于吊顶、墙面的饰面及包柱等。

铝塑板的常用规格为 1 220 mm×2 440 mm×3 mm（或 4 mm），这种铝塑板在室内设计行业内被称为标准板。

5．铝合金龙骨

作为吊顶骨架材料，铝合金龙骨这时应该脱离上面的铝材系列单独介绍。

铝合金吊顶龙骨具有质轻、耐蚀、刚度较好等特点，一般常见为倒 T 形。根据其罩面板安装方式的不同，可分为龙骨底面外露和不外露两种，LT 形铝合金吊顶龙骨属于罩面板安装后龙骨底面外露的一种。铝合金龙骨作为骨架材料，经常与矿棉板、木丝板等饰面板搭配使用。

6．轻钢龙骨

轻钢龙骨是室内装修工程经常使用的隔墙和吊顶型材，采用镀锌铁板或薄钢板，经剪裁冷弯滚轧冲压而成。轻钢龙骨有 C 形龙骨、U 形龙骨和 T 形龙骨。C 形龙骨主要用来做各种不承重的隔墙，即在 C 形龙骨组成骨架后，两面再装以装饰板组成隔断墙。U 形和 T 形龙骨主要用来做吊顶，即在 U 形或 T 形龙骨组成的骨架下，以装饰板材组成天花吊顶。

轻钢龙骨的特点是防火性能好，刚度大，便于工人检修天花内的设备、线路；隔声性能好；可装配化施工，减少了施工工时，适应多种饰面材料的安装，装饰效果良好。轻钢龙骨多用于防火要求高的室内装饰，高层建筑内的装饰，天花、隔墙面积大的室内装饰。家庭装修的吊顶也已经普及使用轻钢龙骨作为骨架材料（见图 2-9-16 和图 2-9-17）。

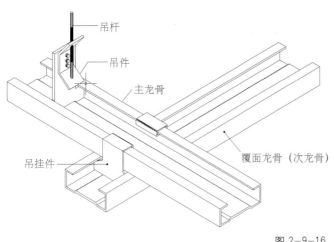

吊杆
吊件
主龙骨
覆面龙骨（次龙骨）
吊挂件

图 2-9-16　　　　　　　　　　　　　　　　图 2-9-17

7．型钢

装修中一些重量较大的棚架、支架（如石材干挂、洗手台支撑、吧台骨架等），需用型钢材料作为结构骨架。常用的型钢有槽钢、角钢、工字钢、方钢、扁钢与圆管钢（见图 2-9-18）。具体在设计中使用何种型钢、何种规格的型钢，则需要与结构工程师配合解决，不可一厢情愿。当然，随着设计手法的丰富和设计观念的提升，型钢也逐渐作为装饰意义上的构件起着重要作用。

① 槽钢。槽钢一般作为钢骨架的梁，受垂直方向力的作用。槽钢的受力特点是：承受垂直方向力和纵向压力的能力较强，但承受扭转力矩的能力较差。其外形形状如大写的"U"。

② 角钢。角钢的作用较广泛。一般作为钢骨架的支撑件，也可作为承重量较轻的梁架。角钢的受力特点是：承受纵向压力、拉力的能力较强，承受垂直方向力和扭转力矩的能力较差。角钢有等边角钢和不等边角钢两个系列。

③ 工字钢。工字钢形如大写的"H"。工字钢的用途与槽钢相同，但强度比槽钢要大。

图 2-9-18 墙面石材采用角钢和方钢作为干挂骨架材料

图 2-9-19 门的局部采用有腐蚀效果的钢板和拉手

图 2-9-20 做锈效果的耐候钢板带来一种特殊的墙面质感

图 2-9-18

图 2—9—19

2.9.2　金属材料的创新应用

金属材料的创新应用并非材料本体的创新，而是对金属材料在室内设计中应用的创新。通过对金属表面的处理也可产生别样的质感和肌理（见图 2—9—19 和图 2—9—20）。金属表面常分为下列几种处理手法。

① 表面腐蚀出特殊的肌理、图案或文字。这种处理在钢板及不锈钢板中用得最多，如门、壁板、扶手等。

② 表面印花。花纹色彩直接印于金属表面，最常用的为铝板，如铝夹板天花、铝夹板壁板。

③ 表面喷漆。它大多用于铁板、铁棒、铁管、钢板，如铁门、铁窗。

④ 表面烤漆。它大多用于钢板条、铁板条、铝板条，如铝架。

图 2—9—20

金属材料的连接无非有焊、铆、卡、粘等方式。

对于金属型材和板材，人们似乎都已司空见惯，但以金属网的形式出现在室内空间中还不多见。其实，金属装饰网在20世纪90年代就已在国外应用。金属网有着与纺织品一样的结构，柔软而细腻，又坚固持久。它通常用纵向的优质绳索和横向的单纤丝杆固定丝网，横向钢性及纵向柔性可随意造型。其防风化、不可燃、抗腐蚀、抗机械冲击、环保、易于清洁等特点集中体现了金属网的良好性能。以北京国家大剧院室内为例，其内部中央的歌剧院观众厅的内墙面装修就是采用网格状金属网装饰。其横向是直径为2.5 mm的不锈钢钢丝铰线（纬线），间距为6 mm；纵向是直径为2.5 mm的铝合金棍（经线），间距为8 mm。从设计方面主要考虑到声学及装饰效果，一方面，利用金属网形状可以随意呈弧线变化的优势；另一方面，利用金属网的通透性，将观众厅设计成双层墙，即建筑实体墙与金属网装饰墙。这样，在观众厅内看不到生硬的折角，声音又可透过金属网到达反射声墙面。同时，在设计中，不但利用金属网解决了声学问题和防火问题，还能营造出现代、优雅、柔和而具有亲和力的视觉效果。其实国家大剧院公共空间的柱子也采用了金属网进行包柱，令人耳目一新（见图2-9-21）。

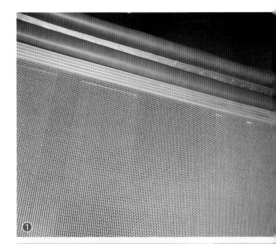

❶

❷

图 2-9-21

图 2-9-21　❶ 国家大剧院歌剧院观众厅内墙
　　　　　　　面金属网
　　　　　　❷ 国家大剧院金属网包柱处理

2.10　线材类

线材类材料实际上是形态为线条形的材料，主要是指装饰工程中各平接面、相交面、分界面、层次面、对接面的衔接口、交接条的收边封口材料。线条材料对装饰质量、装饰效果有着举足轻重的影响，有时线条材料在室内空间和装饰艺术上扮演着划分平面或空间的重要角色（见图 2-10-1）。

图 2-10-1

图 2-10-1　金属线材在空间里既有实用功能，又起着划分空间的作用

　　线条材料在装饰结构上起着固定、连接、加强装饰饰面的作用。线材主要是指木材、石膏或金属加工而成的产品。木线的种类很多，长度不一，主要由松木、梧桐木、椴木、榉木等加工而成。其品种有指甲线（半圆带边）、半圆线、外角线、内角线、墙裙线、踢脚线；材质好点儿的如椴木、榉木，还有雕花线等。宽度小至 10 mm（指甲线），大至 120 mm（踢脚线、墙角线）。石膏线分为平线和角线两种，铸模生产，一般都有欧式花纹。平线配角花，宽度为 5 cm 左右，角花大小不一；角线一般用于墙角和吊顶叠级，大小不一，种类繁多。除此之外，还有用不锈钢、钛金板制成的槽条、包角线等，长度为 2.4 m。在装修预算中，线材以米为单位。

2.10.1　木线条

1．木线条的特点

　　木线条是选用木质硬、较细，耐磨、耐腐蚀，不劈裂，切面光滑，加工型质量好，油漆上色性良好，黏结性好，钉着力强的木材，经过干燥处理后，用机械加工或手工加工而成。木线条可被油漆成各种色彩和木纹本色，可进行对接、拼接，以及弯曲成各种弧线。木线条不见得变化越多越好；相反，那些造型简洁的木线条也许效果会更好。这取决于空间整体风格的要求。

2．木线条的规格品种

　　木线条的品种较多，从材质上分，有硬质杂木线、进口洋杂木线、白木线、水曲柳木线、山樟木线、核桃木线、柚木线、榉木线等；从功能上分，有压边线、柱角线、压角线、墙角线、墙腰线、上楣线、覆盖线、封边线、镜框线等；从外形上分，有半圆线、直角线、斜角线、指甲线等；从款式上分，有外凸式、内凹式、凸凹结合式、嵌槽式等。各种木线的常用长度为 2～5 m。

2.10.2　铝合金线条

　　铝合金线条是用纯铝加入锰、镁等合金元素后积压而成的条状型材。

1．铝合金线条的特点

　　铝合金线条具有质轻、高强、耐蚀、耐磨、刚度大等特点。其表面经阳极氧化着色表面处理，有鲜明的金属光泽，耐光和耐气候性能良好，其表面还可涂以坚固、透明的电泳漆膜，涂后更加美观、实用。

2．铝合金线条的用途

　　铝合金线条可用于装饰面的压边线、收口线，以及装饰画、装饰镜面的框边线。在广告牌、灯光箱、显示牌、指示牌上当作边框或框架，在墙面或天花

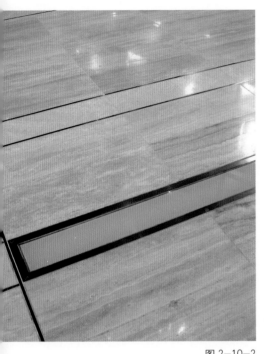

图 2-10-2

面作为一些设备的封口线。铝合金线条还用于家具上的收边装饰线、玻璃门的推拉槽、地毯的收口线等方面。

3. 铝合金线条的规格

铝合金线条主要有角线、画框线条、地毯收口线条等几种。其中，角线又可分为等边和不等边两种。

2.10.3　铜线条

铜线条是用合金铜，即黄铜制成的，其强度高、耐磨性好、不锈蚀，经加工后表面有金黄色光泽。铜线条主要用作地面大理石、花岗石、水磨石块面的间隔线，楼梯踏步的防滑线，楼梯踏步的地毯压角线，墙面的装饰线等。

2.10.4　不锈钢线条

不锈钢线条具有高强、耐蚀、表面光洁如镜、耐水、耐擦、耐气候变化的特点。不锈钢线条的装饰效果好，属中高档装饰材料，常用于各种装饰面的压边线、收口线、柱角压线等处。不锈钢线条主要有角形线和槽线两类（见图2-10-2）。

2.10.5　塑料线条

塑料线条是用硬聚氯乙烯塑料支撑，其耐磨性、耐腐蚀性、绝缘性较好，经加工一次成形后不需再经装饰处理。塑料线条的外形和规格与木线条基本相同，但塑料线条的质感、光泽性和装饰性欠佳，在中高端设计中较少使用。塑料线条的固定方法是通常用螺钉或黏结剂固定。

2.10.6　石膏线条

石膏线条是以天然二水石膏为凝胶材料、以玻璃纤维为筋面制成的具有装饰性的线条。它具有防火、阻燃、不变形的特性，并可钉、可锯、可粘、可修补，常用作天花脚线和吊顶装饰造型等。材料市场上石膏线条的成品虽然花样繁多，但纹样大都缺乏新意，不易与空间风格相匹配。

图 2-10-2　石材地面嵌入不锈钢线条作为装饰

2.11 其他"新型"材料

2.11.1 GRG

近年来又出现了一种新型材料——预铸式玻璃纤维增强石膏制品（glassfibre renforee gypsum，GRG），此种材料可制成各种平面板、各种功能型产品及各种艺术造型，是目前装饰材料界较为流行的更新换代产品。当下，设计师经常会将 GRG 应用在公共空间中，如作为抵抗高的冲击而增加其稳定性的吊顶，会形成不错的装饰效果。此外，GRG 环保、安全，而且不含任何有害元素。由于 GRG 具有防水性能和良好的隔声、吸音性能，尤其适用于学校、医院、商场、剧院、娱乐等场所。北京国家大剧院内音乐厅、戏剧场外环廊墙面均使用 GRG 作为饰面材料。其标准板的宽度约为 1 m，高度约为 3 m，厚度为约 12 mm。板材图案表面做出舒缓的凹凸起伏造型，目的就是达到像沙丘一样柔和起伏的效果，以此来烘托平静、安详的基调（见图 2-11-1）。

图 2-11-1　国家大剧院音乐厅、戏剧场外环
　　　　　　廊墙面使用的 GRG 效果

图 2-11-1

　　GRG 产品是采用 GRG 专用石膏——超细结晶石膏（改良的 α 石膏）为基料与专用连续刚性的增强玻璃纤维、专有添加剂，在模具上经过特殊工艺层压而成的预铸式新型装饰材料。其产品表面光洁、平滑，呈白色，材质表面光洁，白度达到 90% 以上，高质量的成形表面有利于任何涂料的喷涂处理。

　　GRG 的产品特性如下：壁薄、质轻、硬度高及不易燃，并可对室内环境的湿度进行调节，能达到舒适的生活环境。其由于具有高强度、高硬度和很好的柔韧性，可以制成各种尺寸、形状和造型，还可以用在复杂的吊顶装饰中，并且不易变形，因此能被制成任意造型、大规格及有质感、肌理效果的产品。另外，GRG 还具有生产周期短的特点，产品脱膜时间仅需 30 min，干燥时间仅需 4 h，因此能大大缩短施工周期。GRC 施工便捷，可根据设计师的设计任意造型，现场加工性能好，可大块生产、分割，安装迅速、灵活。它可进行大面积无缝密拼，形成完整的造型，特别是对洞口、弧形、转角等细微之处，可确保无任何误差。

2.11.2　GRC

　　GRC 也称为玻璃纤维增强水泥 (glassfiber reinforced cement, GRC)。GRC 制品是一种新型装饰材料，具有质轻、高强、抗冻融性能好、可塑性强、安装简便、装饰造型丰富、定做产品周期短等优点。目前，GRC 材料已广泛应用于各种风格的室内外装饰，如檐口、腰线、装饰柱、门窗装饰线、山花卷草、吊顶装饰板、墙面装饰板等，也可仿蘑菇石、剁斧石、花岗石、砂岩等装饰效果。

　　北京国家大剧院音乐厅的顶棚及内墙面就采用了玻璃纤维增强水泥制品 GRC 板。音乐厅吊顶面积为 1 300 m²，由 164 块造型各异的 GRC 板构成，其中标准矩形板为 118 块、异形板为 46 块，一般每块的面积在 7 m² 左右，厚度控制在 24 mm 左右。每块板起伏较大，平均起伏为 250 mm，起伏落差最大达 480 mm，重约 110 kg/m²，总重量超过 100 t。吊顶看似凌乱的沟槽像是挂在空中的抽象浮雕，使人联想到层叠的山脉和大海的波涛（见图 2-11-2）。

　　在音乐厅吊顶构造处理方面，GRC 板四周带有配筋边框，每块板上预埋 20 个预埋件，上部焊接不锈钢吊筋，吊筋与槽钢架连接，槽钢架上有 6 个安装吊点。此吊点与吊顶次钢梁连接，次钢梁与主钢梁连接，主钢梁与钢筋混凝土顶板梁下预埋件连接。在与消防设备结合方面，

图 2-11-2

GRC 吊顶做成凹槽形状的空箱，消防喷淋设置在吊顶以上。为了使用中的安全，一旦发生火灾，喷淋喷水后，有可能会使凹槽箱内积水后造成吊顶板荷载过大，造成固定件脱落，砸向观众厅，因此每块浮雕板上都预留了泄水孔，用于导流浮雕内的积水。音乐厅 GRC 墙面的形式与吊顶有所不同，面积约为 1 263 m²，侧墙的 GRC 为起伏的表面，目的在于扩散反射声音，保证较佳的音响效果。新落成不久的哈尔滨大剧院室内也采用了 GRC 作为装饰材料（见图 2-11-3）。

通过国家大剧院和哈尔滨大剧院运用的 GRC 可以发现，一种新型材料的运用并非只是单纯地考虑视觉效果，同时还要解决施工技术的相关问题。

通过对比 GRC 与 GRG，我们可以总结出：GRC 就是玻璃纤维增强水泥，而前面介绍的 GRG 是玻璃纤维增强石膏。两者的原材料有不同点，但也有一定的相似之处，似乎 GRC 的可塑性更强些、强度更高些。

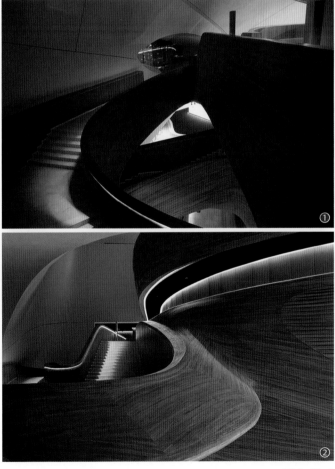

图 2-11-2 国家大剧院音乐厅顶部的 GRC
造型
图 2-11-3 哈尔滨大剧院将不同形态的 GRC
材料有机地应用到室内空间中

图 2-11-3

2.11.3　亚克力

亚克力是英文 acrylic 的中文音译，其实就是有机玻璃，是一种经过特殊处理的有机玻璃。虽然亚克力与有机玻璃的材料基本一致，但生产工艺有些区别，价格上的差距也比较大。一般人都觉得两者是同一种，其实不然，两者在质量、使用期、耐磨度上都有品质的差别。可以说，亚克力的透明与透光率极佳，晶莹剔透，堪称有机玻璃的升级版或豪华版。

亚克力的化学名称为 PMMA，即聚甲基丙烯酸甲酯，是一种开发较早的、重要的热塑性塑料，具有较好的透明性、化学稳定性和耐候性，易染色、易加工、外观美，在室内设计中应用越来越广泛。一般常提到的亚克力制品主要有亚克力板、亚克力塑胶粒、亚克力灯具、亚克力洁具、亚克力人造石、亚克力树脂等产品，种类繁多。在市面上一般常见到的亚克力产品是由亚克力粒料、板材或树脂等原材料经过各种不同的加工方法，并配合各种不同材质及功能加以组合而成的亚克力制品（见图2-11-4和图2-11-5）。

亚克力板材的规格种类很多，普通板有透明板、染色透明板、乳白板、彩色板；特种板有卫浴板、云彩板、镜面板、夹物板、中空板、抗冲板、阻燃板、超耐磨板、纹理板、磨砂板、金属效果板等。亚克力以不同的性能、不同的色彩、不同的形态，满足多样的空间需求和视觉效果。估计大家

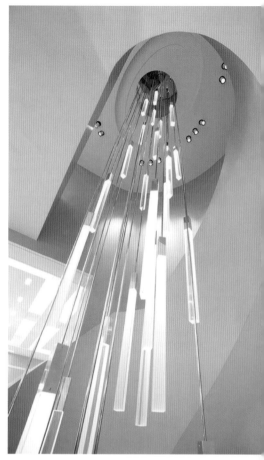

图 2-11-4

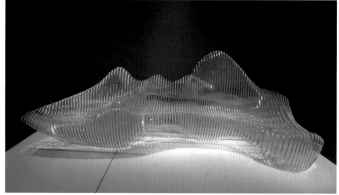

图 2-11-5

图 2-11-4　采用亚克力材料制作的灯饰
图 2-11-5　采用亚克力板制作的家具颇具空
　　　　　灵的山水韵味

对上海世博会英国馆那奇特的建筑造型还记忆犹新，它其实就是采用了多个透明的亚克力棒构成了蒲公英式的建筑形态，使其极具个性（见图 2-11-6）。

亚克力板按生产工艺，可分为浇注板和挤压板；按透光度，可分为透明板、半透明板（包括染色板、透明板）、色板（包括黑白板、彩色板）。

亚克力也是继陶瓷之后能够制造卫生洁具的、最好的新型材料。与传统的陶瓷材料相比，亚克力除了具有无与伦比的高光亮度外，还有以下优点：韧性好、不易破损、修复性较强、质地柔和、色彩鲜艳、冬季没有冰凉之感、可满足不同品位的个性追求。用亚克力制作的台盆、浴缸、坐便器，不仅款式新颖、经久耐用，而且绿色环保。

2.11.4　生态树脂板

生态树脂板是由生态树脂经过高温层压工艺制成的装饰板材，具有优良的透光性能、阻燃性能，以及隔音、耐老化、耐腐蚀、抗冲击、抗变形的特性。这种材料最大的特点是可将各种天然植物、金属薄板、纺织物等夹在透明的树脂板面之间，同时还能在表面压出凹凸纹路。树叶、花瓣、丝絮都可以被凝固其中，在不同的光线照射下，显现出琥珀般的别样效果，丰富了装饰手段。自然界中植物的根、花、叶、茎、树皮；工业领域中的金属质感材料，如铜、铝、不锈钢、碎玻璃珠；纺织行业中的面料，如丝、麻、毛、棉等设计元素，均可作为生态树脂板的内嵌材料。采用一层、两层，甚至多层压层工艺，即使同样的内嵌材料相组合，也能获得独一无二的设计效果，更不用说不同元素的自由组合。这些生态树脂产品系列把透光色彩、有机材料、薄纺织物和浮雕纹理等元素融入透光板中，成为玻璃的理想补充。其颇具时尚的视觉美感，尤其为现代室内设计的墙面及隔断装饰提供了多种选择（见图 2-11-7 和图 2-11-8）。

生态树脂板的原材料是一种聚酯 PETG，实际上就是一种透明塑料，但 PETG 并不是 PVC。其板材具有突出的韧性和高抗冲击强度，抗冲击强度是改性聚丙烯酸酯类的

图 2-11-6

图 2-11-6　2010 年上海世博会英国馆采用的亚克力棒组合

图 2-11-7

图 2-11-7　作为装饰隔断的生态树脂板

图 2-11-8　采用生态树脂板制作的茶几

图 2-11-8

3～10 倍；材料本身为可以 100% 降解的聚合树脂，而且生产过程没有任何污染，这也是被称作生态树脂板的原因之一。另外，生态树脂板还具有极佳的加工成形性能和优异的柔性，采用传统的挤压、注塑、吹塑及吸塑等成形方法，也可按照设计者的意图进行任意形状的设计。其制品高度透明，与 PVC 相比，透明度高、光泽好、易印刷，并具有环保优势。

生态树脂板一般分为树脂夹层板（植物、面料等）、树脂纹理板、树脂肌理板、树脂蜂窝板、树脂钻石板、树脂图案板、树脂颜色板、树脂透光板等。常见规格有 1 220 mm×2 440 mm、1 220 mm×3 050 mm、1 300 mm×3 000 mm；厚度为 3 mm、4 mm、5 mm、6 mm、8 mm、10 mm、12 mm、19 mm、25 mm。

根据以上介绍，生态树脂板具有以下特点：

① 阻燃防火。生态树脂板属 B1 级难燃，燃烧无毒、无腐蚀性烟气、无滴状物。

② 抗冲击强度优异。生态树脂板可以任意造型（热弯／冷弯）且不泛白、不变形、无裂纹，抗冲击强度是普通玻璃的 40 倍、亚克力的 8 倍。

③ 质地轻盈。生态树脂板的重量是玻璃的 1/2，安装便捷，设计多样灵活。

④ 表面硬度高。生态树脂板耐刮擦、耐划痕，可以进行表面修复处理，而亚克力易划伤。

⑤ 理化性能稳定。生态树脂板耐腐蚀、不发黄、抗老化，透明度和折射率高。

⑥ 环保性能好。生态树脂板生态环保，对环境无污染，100% 可以循环利用。

可以发现，作为透明材料，生态树脂板与前述的亚克力既有不同点，也有相似之处。只是生态树脂板装饰元素更多元，强度韧性更高；而亚克力的应用范围更广，形态更多样。但生态树脂板的成本比亚克力要高出很多，起码 1 倍不止。3form 树脂板应是目前较为知名的一个材料品牌。

2.11.5　千思板

千思板也称千丝板，是由 30% 热固树脂和 70% 天然木质纤维，以及表层 EBC 处理的聚丙烯酸酯，经高温、高压聚合而成的均质高强平板。实际上，它是荷兰千丝公司的一个品牌板材。千思板具有优异的耐冲击性、耐水和耐湿性、耐腐性、耐热性、耐磨性等，其耐气候性也很优异，常用于幕墙和室内墙面装饰。千思板可完全回收再利用，施工简单，安装施工方便，木工工具可加工。

千思板的内芯为黑色、白色、棕色，表面的色调、式样、纹路的表现力相当丰富，有自然曲面、纹理面、镜面、石纹面、金属质感面等多种不同的视觉效果表面（见图 2-11-9）。

图 2-11-9

千思板的常用规格为 2 550 mm×1 860 mm、3 650 mm× 1 860 mm；厚度为 6 mm、8 mm、10 mm、13 mm。

图 2-11-9　北京奥运场馆水立方室内不少地方采用了千思板

2.11.6　麦秸秆板

麦秸秆板也称为定向结构麦秸秆板，英文称为 OSSB（oriented structural straw board）。麦秸秆板是以稻草、麦秸秆为原料，以改性异氰酸酯（MDI）为胶黏剂，通过对扁平、窄长的麦秸进行加工、干燥、分选、剪劈、施胶，经定向铺装后热压而成的一种多层结构板材。它也是一种可以自然降解、无污染的稻草或麦秸秆合成板，堪称当下最具环保性能的人造板材之一。

麦秸秆板的主要特性如下：

① 环保无污染。由于麦秸秆板中的 MDI 胶为石油提取物，热压时与水产生反应，形成胶黏剂并产生二氧化碳气体排出，这正是麦秸秆板近乎不含甲醛等有害物质的原因。其甲醛释放量仅为 0.2 mg/100 g 板材（0.02 mg/L），是现行我国最高国标 E1 级（9 mg/100 g 板材）的 1/45，欧洲最高企标 E0 级（5 mg/100 g 板材）的 1/25。这个极微量的甲醛释放量也是来自天然麦秸秆的自身，并非化工胶黏剂。其保温性也比一般房子高 70%，而且对农作物麦秸秆进行了再利用，减少了麦秸秆在农田中的焚烧，降低了二氧化碳排放量，减少了对森林资源的消耗。

② 性能好。前面提到的 MDI 胶也属非水溶性胶水，具有优良的防水特性。因此，以 MDI 胶作为胶黏剂的麦秸秆板具有天然的防水性能，吸水厚度膨胀率低，可以在水中长时间浸泡和煮沸，对于室内潮湿环境及家具具有良好的品质保证。后来，逐渐采用全麦草替代原来的麦草和稻草混合，大大提高了板材的吸水膨胀性能。稻草作为水生植物，会在短期内快速饱和吸水；而麦草作为越冬农作物，表面有较多的蜡质成分，这样，相当于添加了天然的防水剂，使得板材的吸水厚度膨胀率极低。与其他木质人造板材相比，麦秸秆板显然具有独特的防水性能，甚至可以作为屋面板及楼面板使用。

③ 结构高强度。麦秸秆板采用了更为先进的纵横双定向铺装技术，板材纵横双向均具有优异的承载性能和握钉能力；可根据所需要的形状、尺寸任意切割，可铺装于屋面、楼面或墙面；可作为地暖和石材等饰面材料的基层；还可直接铺装木地板、地毯等地面材料。麦秸秆板作为内墙板使用时，可实现在内墙面的直接安装，具有传统内墙石膏板望尘莫及的承载性能。同时，其也可与石膏板配合使用（如 11 mm 麦秸秆板 +9 mm 纸面石膏板），错缝铺装，既解决了石膏板墙面不能悬挂重物的问题，又具有了石膏板表面便于装饰施工的优势。

④ 特殊装饰性。如同欧松板，麦秸秆板不仅仅作为基层材料使用，由于它也具有特殊的视觉肌理和质朴、自然的美感，因此也可以作为饰面材料，以替代刨花板和密度板用于室内界面、展台或板式家具。上海世博会的万科馆和意大利米兰世博会的中国馆室内就大量采用了这种材料（见图 2-11-10～图 2-11-12）。

从生产工艺来看，麦秸秆板属于刨花板的范畴，但是从纤维特性来看，它又近似于密度板。在实际使用性能上，麦秸秆板既可以替代刨花板，又可以替代密度板，并且从性能指标检测来看，它既可达到刨花板的标准，也可达到密度板的标准，使得产品的使用范围大大提高。

图 2—11—10

图 2—11—11

图 2—11—12

图 2—11—10 麦秸秆板具有天然的防水性能
图 2—11—11 麦秸秆板已普遍应用于室内空间中
图 2—11—12 意大利米兰世博会中国馆墙面、
　　　　　　地面采用了不少麦秸秆板和具有
　　　　　　象征麦浪意味的亚克力棒

2.11.7　大理石复合板

大理石复合板不是纯粹的某种单一的石材，而是由两种及以上不同的石材、板材用胶黏剂黏接而成的，是目前市场上较为时尚的一种饰面材料。它的面材为超薄的天然石材，基材为瓷砖、石材、玻璃或铝蜂窝等。由于其构造的特殊性，把大理石复合板归到石材类不太适宜，归到瓷砖类也比较勉强。大理石复合板具有以下特点。

1．强度高

大理石与瓷砖、花岗岩、铝蜂窝板等复合后，其抗弯、抗折、抗剪切的强度明显得到提高，大大降低了运输、安装、使用过程中的破损率。

2．抗污染能力提高

普通大理石原板（通体板）在安装过程中或以后使用过程中，如用水泥砂浆湿贴，很有可能半年或一年后，大理石表面出现各种不同的变色和污渍，难以去除。而复合板因其底板更加坚硬、致密，同时还有一层薄薄的胶层，就避免了这种情况的发生。

3．重量轻

大理石复合板最薄的只有 5 mm 厚（与铝塑板复合）。常用的复合瓷砖或花岗岩也只有 12 mm 厚，仅运输方面就节省了许多成本，在有载重限制的情况下，它是最佳选择。

4．更易控制色差

因为大理石复合板是用 1 m^2 的原板（通体板）剖切成 3 片或 4 片变成了 3 m^2 或 4 m^2，而其花纹、颜色几乎与原板（通体板）100% 相同，因而更易保证大面积的使用。

5．安装方便

因为大理石复合板具备以上特点，在安装过程中，无论重量、易破碎（强度等），还是分色拼接方面，都大大提高了安装效率和安全性能，同时也降低了安装成本。

6．装饰部位丰富多样

大理石的装饰部位，包括内外墙、地面、窗台、门廊、桌面等，普通的原板（通体板）都不存在问题，唯独天花板无论是大理石还是花岗岩，任何一家装饰公司都不敢使用，也不可能冒这个险。而大理石与铝塑板、铝蜂窝黏合后的复合板就突破了这个石材装饰的禁区。因为它非常轻盈，重量只有原板（通体板）的 1/10 ～ 1/5，若要用石材来装饰天花板，那就非它莫属了。

7. 隔音、防潮

用铝蜂窝板与大理石做成的复合板，因其用等边六边形做成的中空铝蜂芯具有隔音、防潮、隔热、防寒的性能，就远远超越了原板（通体板）所不具备的性能特点。

8. 节能、降耗

大理石与铝蜂窝板复合具有隔音、防潮、保温的性能，因而在室内外安装后，可在较大程度上降低电能和热能的消耗。

9. 降低成本

因为大理石复合板较薄、较轻，在运输安装上可节省部分成本，而且对于较贵重的石材品种，制成复合板后都不同程度地比原板（通体板）的成品板的成本低廉。

可以看出，大理石复合板既有天然石材的性能特点优势，又有实用中的性能比较优势，这也决定了其未来市场的可持续发展态势。大理石复合板在国际市场上被越来越多的国家和地区广泛使用，也验证了其市场发展趋势。

2.11.8 塑胶地板

塑胶地板也称为地胶板，是PVC地板的另一种叫法，属于目前较为常用的地面材料。其不仅轻薄，而且超强耐磨，具有高弹性和超强抗冲击性，还防火、防滑、阻燃，是一种性能较好的绿色环保地面材料，在国内外装饰工程中已普遍采用，常用于办公室、商场、机场、教学楼、图书馆、体育馆、制药厂、医院等，并且取得了不错的效果。塑胶地板产品质感丰富，色彩多样，能模仿如地毯纹、石材纹、木地板纹、金属纹、皮质纹、陶瓷纹、荔枝纹等的装饰效果，目前使用量也日渐增大（见图2-11-13和图2-11-14）。

塑胶地板的主要成分为聚氯乙烯材料。PVC地板从构造上可分成两种：一种是同质透心的通体板，即从底到面的花纹材质都是一样的；还有一种是复合板，即最上面一层是纯PVC透明层，下面加上印花层和发泡层。塑胶地板从形态上，又可分为卷材和片材两种。所谓卷材地板就是质地较为柔软的一卷一卷的地板，一般其宽度有1.5 m、1.8 m、2 m、3 m、4 m、5 m等，每卷长度有7.5 m、15 m、20 m、30 m等，总厚度有1.6～4.0 mm（仅限商用地板，体育场所的运动地板更厚，可达4 mm、5 mm、6 mm等）。片材地板的规格较多，主要为方形材，规格为500～600 mm，厚度一般为1.2～3.0 mm。

塑胶地板的选择不是根据地板的价格来判断的，而是根据空间的功能来选择的。例如，医院适用的PVC地板，必须选择卷材塑胶地板，而且要求地板在具有耐磨性能的同时，还要具有抗菌性、耐污性、环保性，片材地板就不适合。又如，在办公空间，可以选择PVC片材地板，也可以选择PVC卷材地板，但要注意的是，地板必须具有耐磨、隔音、舒适、大方、安全的特性，还要具有耐碾压的特性。再如，在家庭中使用的PVC地板，可以根据不同的功能选择不同的地板，客厅可以选择片材的PVC地板，卧室、书房、厨房、阳台可以选择卷材的PVC地板，还可以按自己的设计风格和个性要求选择不同的颜色。目前，较好的塑胶地板的品牌比较多，如LG地板、阿姆斯壮Armstrong、洁福Gerflor、得嘉Targett、福尔波Forbo，这些品牌的塑胶地板算是比较不错的。但塑胶地板也不是尽善尽美的，其突出的缺点就是易出现划痕，这是其一大软肋。

2.11.9　生态木

生态木（greener wood）不是真正意义上的实木，而是一种比原木更经济环保、更健康节能的新型材料。它主要由木纤维与塑料混合加温融合注塑而成，由于生产过程中没有使用含有苯、甲醛、氰等有害物质材料，免除了装修污染，也无须维修与养护，并且具有吸音、节能的特点。生态木系列产品在物理性能方面具有实木的特性，具有天然木材的自然质感，但又有比天然木材更加突出的优越性。其特点归纳如下：

图 2-11-13

图 2-11-14

图 2-11-13 机场候机大厅地面除了常见的石材以外，也经常大面积采用塑胶地板

图 2-11-14 塑胶地板也能形成金属质感的效果

① 环保性。生态木的产品抗紫外线、无辐射、抗菌，不含甲醛、氨、苯等有害物质，符合国家环保标准和欧洲标准，装修后无毒、无异味污染，应是一种绿色环保材料。

② 稳定性。生态木的产品具有抗老化、防水、防潮、防霉、防腐、防虫蛀、抗酸碱、有效阻燃、保温等性能，可长期适用于气候形态变化大的户外环境而不变质、不脆化，性能不衰。

③ 安全性。生态木的产品具有高强度和耐水性、抗冲击性、不开裂等特征，使用寿命长。

④ 舒适性。生态木的产品隔音、绝缘、抗油污、防静电。

⑤ 真实性。生态木的产品外观自然、美观，具有实木的质感和自然纹理。

⑥ 便利性。生态木的产品可裁、可锯、可刨、可钉、可漆（但最好不做表面处理，以免受到污染）、可黏接、施工简单，多采用卡口式设计，只需简易的拼装便可以创造出各种的拼装效果。

⑦ 独特性。生态木的产品是由木纤维与高分子高温融合而成的，不使用甲醛、氨、苯等有害物质，免除了装修污染，无须维修与养护。

⑧ 循环性。生态木的产品可循环再生使用。

⑨ 多样性。生态木适用于各种室内外环境装饰，可以加工成吸音板、木质天花吊顶、门套、窗框、地板、踢脚线、墙板、腰线等各种形态。

⑩ 节能性。生态木的产品具有吸音、节能的特点。

生态木的产品契合了绿色设计发展的理念，符合国家环保和森林资源保护理念，理论上应该具有一定的发展潜力。但由于生态木是一种新兴的装饰材料，其前景仍需要市场的检验。

通过以上各类材料品种的系统介绍，可以归纳、总结出以下原则：

• 材料单体的独特性。

• 材料选择的原则性。

• 材料运用的可塑性。

• 材料组合的多样性。

• 材料构造的合理性。

• 材料创新的可能性。

近年来，科技不断进步，技术不断更新，潮流不断变化，新材料也不断推出。作为设计师，必须不断了解材料的物理特性、使用范围、施工技术、经济性以及相互之间的组合搭配，否则很难达到预想的设计效果。

德国现代主义建筑大师密斯·凡·德·罗曾说过："每一种材料都有自己的特性，它们是可以被认识和加以利用的。新的材料不见得比旧的材料好。每种材料都是这样，我们如何处理它，它就会变成什么样子。"形式是物质或材料的体现，而材料是形式的载体，设计就是赋予材料一种形态的手段而非其他，材料只有通过某种形态，才有其自身存在的意义和价值。材料的可塑性很强，材料运用的可塑性更强，或粗犷或细腻，或阳刚或阴柔，以不同形态呈现出不同的视觉表情，材料也因此成为设计关注的重要环节。同时，我们所选择材料的特性也决定了施工技术的选择，而施工技术不同，材料所体现出的气质也会有所区别。当我们审视以往那些优秀的设计作品时，首先看到的是其形式和光色营造的氛围，随之又感受到室内空间的整体与局部之间、局部与细部之间、饰面与基层之间隐含的内在逻辑关系，并且它们每个部分都彼此呼应，存在关联的合理性，具备了形成材质美、空间美的一切条件。

练习题

1. 大理石和花岗石有何不同？

2. 基层人造板有何作用？

3. 如何理解饰面人造板与基层人造板的关系？

4. 玻璃的种类及特点分别有哪些？

5. 何谓夹层玻璃？

6. 墙地砖的种类及特点分别有哪些？

7. 壁纸是如何分类的？

8. 地毯的种类及特点分别有哪些？有哪些铺设方式？

9. 什么是"自流平"？

10. 线材有哪些种类及特点？它起什么作用？

11. 你所了解的其他新型材料还有哪些？

学习目标

　　要求了解材料在室内设计中的运用方法和技巧，并能根据不同的空间特质选择、搭配材料，使之较好地契合并体现空间的使用要求和整体效果。

　　了解构造设计在室内设计中的重要作用和意义，掌握构造设计的基本原理和方法，能够独立完成装修构造的细部设计，为施工图绘制打下良好基础。

学习重点

　　材料选择与组合搭配；构造设计的基本知识。

学习难点

　　需要掌握材料基本的组合原则及构造设计的基本规律，但也要从中寻求突破，提高创新意识，并能准确、有效地进行图纸表达。

3.1　材料设计

　　材料设计并非仅指依靠新技术、新工艺开发的新材料，或改良原材料；而是从室内空间环境的整体视域下，以创新性思维充分运用各种现有材料，最大限度地发掘现有材料，并通过位置、搭配、形态、功能的重构，将其有机地整合到室内空间中，以彰显材料语言的独特魅力。

3.1.1　材料的选择

　　我们进行室内设计和装修，其目的就是营造一个自然、和谐、舒适的场所及氛围，给人带来功能使用上的方便、舒适和精神上的体验、愉悦。各种材料的色彩、质感、触感、光泽等的合理选用，将极大地影响空间环境。一般来说，材料的选择应综合考虑以下几点。

1．从使用功能与装饰部位考虑

　　建筑存在各式各样的类型和不同功能，如酒店、医院、办公楼以及具体如门厅、餐厅、厨房、浴室、卫生间等，在设计时对材料的选择会有不同的要求。装修部位不同，材料的选择也不同，因此我们很少见到酒店的大堂地面铺满地毯，更无法看到厨房地面铺满地毯。

2．从地域和自然因素考虑

　　材料的选择常常与地域或自然环境有关。地面上的石材常会使散热加快，寒冷地区的采暖空间就会使长期生活在这种地面上的人们感觉太冷，从而存在不适感，故一般应采用木地板、塑胶地板、合成纤维地毯。其热传导系数低，会使人感觉暖和、舒适；而在炎热的南方，应选用有"冷感"的材料。当然，这种约定俗成的习惯性认识不可能将固定的模式和套路扩大化，需要具体对待。

3．从场所与空间尺度考虑

对于不同的场所与空间，要采用与空间尺度或人相协调的材料。对于空间宽大的礼堂、影剧院等，材料的表面组织可粗犷并有突出的立体感；对于室内宽敞的房间，也可采用较大图案或比例的材料；对于较小的房间，如目前我国的大部分城市居家，其装饰宜选择质感细腻、规格较小或有扩大空间感效应的材料。当然也不能简单化。随着审美界限的拓展，突破原有模式，采用超大尺度或微小尺度的材料，也许会使空间有耳目一新之感。

4．从标准与功能考虑

材料设计还应考虑建筑的标准与功能要求。例如，在选择宾馆和饭店的地面装饰时，应考虑饭店有三星、四星、五星等级别，要不同程度地显示其内部的豪华、富丽堂皇，甚至珠光宝气的奢侈气氛，采用的装饰材料也应分别对待。例如，在地面装饰方面，高级的饭店可选用全毛地毯、尼龙地毯或高级木地板等。

空调是现代建筑发展的一个重要方面，为适应空调的需求，要求选择的材料具有保温隔热功能。因此，壁饰可采用泡沫型壁纸，玻璃采用隔热玻璃等。在影剧院、会议室等室内空间中，则需要采用吸声装饰材料。总之，空间对声、热、防水、防潮、防火等有不同的要求，选择材料时都应考虑具备相应的功能。

5．从人文特征考虑

选择材料时，要力争运用合理的手法与技术工艺，尽可能考虑选择地方材料。这既减少了运输成本和排放，又展现了地域特色和人文特征。其实，这也是"低碳"设计的重要手段之一，不能总停留在口号上。

6．从经济角度考虑

从经济角度考虑材料的选择，应树立一个可持续发展的观念，即不但要考虑一次性投资，也应考虑维修费用，且在关键问题上宁可加大投资，以延长使用年限，保证总体上的经济性。例如，在浴室装饰中，防水措施极为重要，对此就应适当投资，选择高耐水性材料；否则只顾短期的省钱，可能会给以后带来更大的浪费。

科学的进步和生活水平的不断提高推动了装修材料工业的迅猛发展。除了产品的多品种、多规格、多花色等常规观念的发展外，近年来，材料的快速发展也是我们选择材料时应该考虑的问题，而这些新材料、新技术会为我们在设计创新方面带来更多的可能性。

3.1.2　材料选择的误区

1．价格决定一切，洋货优于国产

"一分钱一分货"，材料的价格与材料的档次存在一定关系，但未必价格高的材料其装饰效果就好；同样，进口材料也未必都一定比国产材料好。关键要看材料的运用与特定空间环境的结合问题，如果对材料的选择和组合搭配没有进行很好的处理，即使使用昂贵的进口材料，其所产生的空间效果也是杂乱无序的。

以目前常用的石材为例，有些消费者或设计师在选择石材中，盲目地认为价格高就是好石材，装饰效果就不会差；或认为进口石材比国产石材好，这些观点都是不对的。例如，巴西蓝、挪威红、印度红、西班牙米黄等石材品种的确品质超群，而国产石材的大花绿、中国红、丰镇黑等品种也都具备较强的装饰性，甚至有一些品种更优于进口的。如果我们将国内外石材的品种和价格比较一下，就会看出，进口石材的价格几乎是国产同类品种价格的 3～5 倍。因此，从物美价廉的角度来看，不妨在设计中适当选用一些国产石材，其整体空间效果未必不好。此外，还要根据在房间中使用的部位来选择适合的石材品种，不一定是越贵越好。例如，装饰墙面可使用花纹效果突出的大理石；装修地面则可使用耐磨性好、强度高的花岗岩。

当然，国产石材与进口石材相比，显著的缺点是加工的精度不够，如厚薄度、平整度、光泽度等方面。这都是需待改进之处。

2．盲目攀比趋同，漠视整体效果

当下，随着我国经济的快速发展带来的巨大契机，室内行业也迅速跟进，势头不减。伴随着良好的发展机遇，设计行业却有些把握不住心态，出现了漠视整体效果、炒作设计理念、盲目追求高档的不健康现象，以高档为目标、以奢华为宗旨，似乎这就算与国际接轨了，也让国外发达国家刮目相看了。尤以材料选择为甚，简单、机械地认为高档次的装修必应使用高档次的材料，什么材料流行就使用什么材料，盲目攀比，审美趋同；毫无逻辑、不加分析地将所谓"高档""时尚"的材料堆砌、充斥于室内空间中，以炫耀的姿态让材料充当"时尚"的"代言人"或"形象大使"。其实，这些做法已经不知不觉陷入了材料选择的误区。

我们对"高档""豪华"概念的理解出现了偏差，这实际上是审美导向、价值观的问题。若是离开了特定的建筑性格、空间布局、使用功能以及所处的人文环境，任何对材料的盲目追逐都将缺乏理论上的注解，对材料的选择也将缺乏准确定位，从而迷失方向。

3．重视饰面材料，忽视基层材料

在对材料的选择中，我们不仅应该重视对饰面材料的选择，更应关注基层骨架材料的选择对设计和施工内在质量的影响。如果仅仅关注装修的视觉效果，而对其隐蔽工程所使用的材料敷衍了事、淡漠处之，所造成的不良后果可能要远远超出我们的想象。

下面仍以我们常用的作为基层材料使用的大芯板（或称细木工板）为例，对其选择，就既要重视甲醛含量是否超标的问题，也不可疏忽材料在其他方面的技术问题。大芯板的中间夹层为实木木方，制作时有手工拼装和机器拼装两种方式，最好选择机拼板，这样其板缝会更均匀，并且木方间距越小越好，起码不能超过 3 mm；中间夹层实木木方最好为杨木或松木，若选用硬杂木会有不吃钉的情况，这时板材的受力就有可能带来一定的安全隐患。

4．天然材料必然优于人造材料

我们在设计时常热衷于使用天然材料，认为其天然的特性和自然的纹理能较好地体现视觉效果，又能体现一定的档次。此观点有一些道理，但绝不能将其绝对化、概念化。例如，许多人造材料无论在物理性能方面还是在装饰效果方面，都具有天然材料所不具备的特点和优势。仍以石材为例，其实某些天然石材未必就比人造石材好，人造石材的色差小、机械强度高、可组合图案、制作成形后无缝隙等特性都是天然石材不可相比的。除此之外，人造石材种类繁多，可供选择的余地很大，可谓既节省了大量的自然资源，又具有一定的环保意义。

在环保方面，其实国家质量监督检验检疫总局早在 2004 年 12 月 20 日就公布了对天然花岗石、大理石板材质量抽查的结果。从检测结果来看，有一部分天然石材，特别是进口石材的放射性严重超标，对人和环境会造成长期甚至是永久的不利影响，如印度红、南非红、细啡珠、皇室啡等石材均难逃干系。因此，对天然材料的选择和使用也应理性、客观地分析、判断。

3.1.3 材料设计的原则

我们多次强调过，材料是构造和设计的基础，离开了材料谈设计和施工，无疑是纸上谈兵。随着科学技术的不断发展，新型材料也不断涌现，应该说，我们对装修材料虽然有了一定的了解，对材料的种类、特性及作用等也基本掌握，但作为一个设计师，还应该洞悉不同材料的应用规律和创新可能，从技术和艺术的层面推动材料与构造设计的发展。

了解材料本身并不困难，难的是设计中材料之间的相互组合搭配。这是一个需要循序渐进、逐步提高的过程，需要设计师的综合素养和较强的领悟力及对社会的洞察力，很难一蹴而就。

材料自身不同的特性、形态、质地、色彩、肌理、光泽等会对室内空间和空间界面产生不同的影响，其合理选用与组合搭配必定会形成别具特色的视觉效果和空间风格。

材料设计应遵循以下原则：

① 应发挥材料自身的独特魅力。

② 应满足空间的基本功能要求。

③ 注意材料的审美与空间设计风格的和谐。

④ 材料的比例、尺度应与空间整体协调、统一。

⑤ 应展现材料之间的肌理、纹样、光泽等特色及相互关系。

⑥ 应关注材料之间的衔接、过渡等细部处理。

⑦ 应符合材料组合的构造规律和施工工艺。

对于材料设计，前面也提到过，除了遵循基本的规律和原则外，还应摒弃一些设计中看似约定俗成的概念性认识；对于材料的使用范围和材料之间的搭配关系，如果成为一种习惯性的套路，那么对于设计思路的拓展会形成很大的桎梏，更不利于设计创新意识的提高。例如，对于外墙涂料的使用，其防水性、耐久性必然要优于室内空间使用的乳胶漆，因此我们也可在室内某些空间（如卫生间等）采用外墙涂料，以营造一种似乎不太符合"套路"的空间效果。在不影响基本功能要求的前提下，并没有人规定卫生间设计必须使用瓷砖。

可见，材料的组合搭配尽管存在一定的"规律"和"章法"，但并非不可有突破和创新的可能性，关键还是思维方式的问题，有时在"江郎才尽"的情况下采取逆向思维的方式，也许会带来意想不到的效果。

可能我们也常听到这样一个说法：胖一些的人最好穿竖条纹或者深颜色的衣服，这样能依线条的走向在视觉上使人显得"苗条"一些；瘦一些的人最好穿横条纹或者浅颜色的衣服，这样人就不会显得那么"干巴"了。上述说法针对实物单体在理论层面上完全站得住脚，但是作为室内设计专业，绝不能脱离环境而孤立地看待某个单体或局部。试想，如果胖一些的人穿着竖条纹衣服处在一个水平线条的背景之中，强烈的视觉反差会使他的身段更加明显；而如果这个人处在竖线条的背景中，其衣服的竖条纹已与背景融为一体，反而弱化了此人形体上的"胖感"，"颜值"定会提升不少。可见，材料之间的组合搭配也是如此，不可机械地、孤立地阅读、阐释材料及其组合搭配问题，必须明确所选择的、所表现的材料以及相互关系都是围绕室内空间的整体来展开的。

显然，材料的使用不是越高档、越华贵，空间效果就越理想；也不是材料使用品种花样越多，就认为空间越丰富。相反，那些平时看似司空见惯的普通材料，只要注重发掘其潜力，进行合理的组织搭配，同样会散发出奇异的光彩（见图 3-1-1 ～图 3-1-5）。

图 3-1-1

图 3-1-2

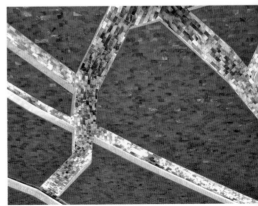

图 3-1-3

图 3-1-4

图 3-1-1　普通材料也能塑造家具形态，未必
　　　　　使用高档材料

图 3-1-2　传统的青瓦以另一种面貌出现在竖
　　　　　向界面中

图 3-1-3　经过技术处理的贝类也可作为装饰
　　　　　材料应用到设计中

图 3-1-4　自然植物和泥土成为塑造室内界面
　　　　　的材料元素

图 3-1-5　用现代材料对传统鼓凳的重新解读

图 3-1-5

北京国家大剧院的设计尽管存在不少争议，但起码在材料选择方面还是带了个好头。按常规思路，如此重要的国家级大型工程必然会选用一些高档进口石材作为地面材料，但法国著名设计师安德鲁把大量国产石材应用到空间中。不同石材、同类石材似乎也存在不小的所谓色差，但在大尺度空间中，其材料的组合又有其理性的规律，效果自然而大气，绝无矫揉造作之感。其材料设计理念值得我们那些"成熟"的设计师们反思（见图3-1-6）。

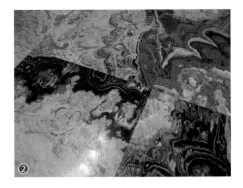

图3-1-6

图3-1-6　❶ 国家大剧院地面石材组合
　　　　　❷ 国家大剧院地面石材局部

3.1.4　材料的发展趋势

毋庸置疑，科学的进步和生活水平的不断提高推动了材料工业的迅猛发展，除了材料的绿色环保必须保证以外，材料的品种、规格、花色也发生了不小变化，成为我们发展材料、选择材料应该考虑的问题。同时，这些新材料、新技术也会为我们的设计创新带来诸多的可能性，以使"绿色""可持续"理念上升到更高层面。

1. 质量轻、强度高

由于现代建筑向高层发展，因此对材料有了新的要求。从材料的用材方面看，越来越多地应用一些轻质、高强材料；从工艺方面看，采取质轻、高强的装饰材料和采用高强度纤维或聚合物与普通材料复合，也是提高装饰材料强度而降低其重量的方法。例如，近些年应用的铝合金型材、镁铝合金覆面纤维板、人造石材、GEG、GRC 等产品即为例证。

2. 多功能、多用途

近些年发展极快的镀膜玻璃、中空玻璃、夹层玻璃、热反射玻璃，不仅调节了室内光线，也配合了室内的空气调节，节约了能源。各种吸声板乃至吸声涂料，不仅装饰了室内，还降低了噪声。对于现代高层建筑，防火性已是材料无法回避、必须面对的指标之一。例如，常用的装饰壁纸现在也大都已经具备了抗静电、防污染、报火警、防 X 射线、防虫蛀、防臭、隔热等功能。

3. 大规格、高精度

我们可能已经注意到，墙地砖的规格也都开始变大，材料的大规格、高精度和轻薄型逐渐成为发展趋势。例如，意大利的面砖，2 000 mm×2 000 mm 幅面的长度尺寸精度为 ±0.2%，直角度为 ±0.1%，有的石材甚至能薄至 3 mm。

4. 规范化、系列化

材料种类繁多，涉及专业面十分广，具有跨行业、跨部门、跨地区的特点，在产品的规范化、系列化方面有一定难度。虽然目前已初步形成门类品种较为齐全、标准较为规范的工业体系，但总的来说，有部分材料产品尚未形成规范化和系列化，有待我们进一步努力。

5. 天然材料向合成材料发展

尽管人们喜爱使用天然材料制作的物品，但随着观念的提升，已经有了不同程度的改变。就连一些顶级品牌的皮草服装和箱包，也开始使用人造的合成材料。因此，道理无须多说，对于我国这样一个资源紧缺、环境污染日益严重的国家来讲，降低资源浪费、减少对环境的破坏必然成为材料商家和设计师也应当承担的社会责任。例如，可考虑广泛利用现有的固体废料，利用含能高的，如粉煤灰、煤矿石和炉渣等固体废料，生产出砖、砌块等室内墙体材料；用稻草、棉秆、花生壳等农业有机废料制作轻质板材；等等。这也是新型绿色材料领域今后应研究、探索的一个重要课题。

6. 材料向高新技术、高科技含量、高附加值方向发展

采用纳米技术、生物化学技术、稀土技术、光催化技术、气凝胶技术、信息技术等高新技术来提高产品的科技含量，提高产品的附加值、功能和档次。例如，采用纳米技术研制抗菌灭菌的墙材、可净化室内空气的墙材、除臭和表面可自洁的墙材等；利用 TiO^2 光催化技术制备可净化空气中的氮氧化物的板材；采用气凝胶技术研究和开发具有环保型高效保温、隔声、轻质的新型墙材；利用生物工程技术，将农作物废弃物经发酵工艺等制作成新型的装饰板材等。

这里仍需要再强调一下，材料的选择是一个复杂而系统的过程，要结合多种因素、诸多环节综合考虑，而不是将精力仅仅停留在对材料本身的视觉效果上。这不仅要考虑材料自身的优质、环保，还要尽量就地取材，减少碳排放；要在材料设计的组合搭配方面多动脑筋，不过度使用材料；要关注材料生产过程的低碳、节能等问题，避免二次污染。只有宏观把握，才能较好地进行材料的选择，否则只能步入无法回避的误区。

3.2 构造设计

3.2.1 构造设计的原则

构造设计是室内装饰设计总体效果的细部深化，必须对多种因素加以考虑和分析比较，才能从中优选出一种对于特定的室内装饰工程而言相对最佳的方案，以求达到体现设计效果、保证施工质量、提高施工进度、节约装修材料和降低工程造价的目的。

1. 满足使用功能要求

① 改善室内空间环境。通过装修，不仅可以提高防火、防腐、防水等性能，还能改善室内空间的保温、隔热、隔声、采光等物理性能，为人们营造良好的生活环境。

② 空间的充分利用。在不影响主体结构的前提下，可运用各种处理手法，充分利用空间，提高空间的有效使用率。

③ 协调各专业之间的关系。对于现代室内空间，其结构空间丰富，功能要求多样，尤其是各种设备纵横交错，相互位置关系复杂。在此情况下，装修的

目的之一就是将各种机电设备进行有机的组织，如风口、烟感、喷淋、音响、灯具等设施与吊顶或墙面有机组合，使之具有良好的装饰性和形式感。因此，协调、解决好各工种之间的矛盾问题，可以减少这些设备所占据的空间，同时也能使空间处理得更具特色。

2．遵循美学法则

室内装饰设计必须注重审美上的追求，力争营造出具有艺术特色的空间环境。构造设计就是通过构造形式与方法、材料质地与色彩以及细部处理，改变室内的空间形象，使技术与艺术融为一体，创造出较高品位的空间环境。

3．确保安全性、耐久性

装饰物自身的强度和稳定性，不仅直接影响到装饰效果，还会涉及人身安全。装饰构件与主体结构的连接也应注意其稳定性。如果连接节点强度不足，则可能导致构件脱落，给人带来危害。例如，吊顶、灯具等，就应确保与主体结构连接的安全性。

4．满足施工方便和经济要求

构造设计应便于施工操作，便于各工序、工种之间的协调配合，同时也应考虑到检修方便。有的设计只顾造型自身的效果，却严重忽略了构造实施的可行性和经济性，给施工带来了极大不便，也造成了经济上的浪费。

3.2.2　构造设计的要素

1．结构要素

结构要素作为建筑的基础骨架，起着支撑整个实体、抵抗外力的重要作用。结构形式多种多样，较为传统的木结构、砖石结构等都以天然材料作为结构体系；而现代的框架结构、钢结构等大都以金属材料和混凝土材料作为结构体系。

以前，设计师只能局限于原结构空间进行装饰或陈设的工作，也只能把精力放在对界面的装修和陈设的处理上。新型的结构材料与结构形式就有可能带来空间整体样式的变化，材料与结构也随之成为主导空间样式的装饰要素，并形成空间的律动感、整体感。这时，结构构件不仅起承载外力的作用，同时还具有空间的限定和装饰作用（见图 3-2-1 ～图 3-2-4）。

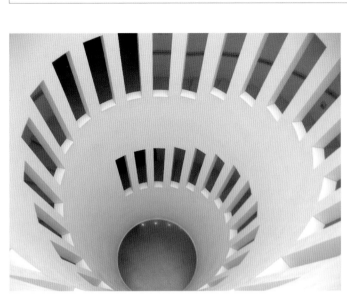

图 3—2—1

图 3—2—2

图 3-2-3

图 3-2-1　结构形式使空间具有强烈的律动感
　　　　　和整体感
图 3-2-2　北京首都机场展现的也是结构特征
图 3-2-3　巴黎戴高乐机场大胆采用了暴露的
　　　　　混凝土顶棚
图 3-2-4　素面朝天的形象同样颇具魅力

图 3-2-4

2.界面要素

空间的围合主要依靠界面的作用，界面由墙面、顶棚、地面及梁、柱等构成，它们都是构造设计的主体要素。我们平时做设计工作，实际上大都把精力和关注的重点放在对界面要素的处理与推敲上，可见界面的处理对空间形象的影响颇大。比例和尺度是整体界面构造设计的重点之一。

地面作为室内空间限定的基础要素，其基面、边界限定了空间的平面范围。对于地面，必须考虑防滑、耐磨和坚实的构造，以保证其安全性和耐久性（见图3-2-5和图3-2-6）。

墙面应是建筑空间实在、具体的限定要素。其作用可以划分出完全不同的空间领域，也相应地带来不同的空间视觉感受。墙面的处理在设计中对空间的视觉影响颇大，不同的材料能构成许多效果不同的墙面，也能形成各种各样的细部构造处理手法。因此，我们在设计时对其关注也颇多，花费的工夫和精力也不会少（见图3-2-7和图3-2-8）。

图 3-2-5

图 3-2-5 地面界面的处理需要特定材料来体现

图 3-2-6 不同材质的对比使走廊活泼而不失整体感

图 3-2-6

图 3-2-7

图 3-2-7　墙面朴素的材质和肌理使空间视
　　　　　觉纯净而细腻
图 3-2-8　简洁的材质使界面形式语言高度
　　　　　统一

图 3-2-8

　　梁和柱作为结构体系要素之一，同样也是界面要素，只不过是室内空间中相对虚拟的限定要素而已。它们规则的排列方式构成了立体的虚拟空间（见图 3-2-9 和图 3-2-10）。

　　顶棚是空间围合的重要因素，对空间的视觉整体能产生很大的影响。顶棚的材料使用和构造处理是空间限定量度的关键所在之一（见图 3-2-11 和图 3-2-12）。

图 3-2-9　处理后的石材柱子已没有了冰冷感
图 3-2-10 大尺度的装饰柱列成为划分空间的
　　　　　虚拟界面

图 3-2-9

图 3-2-10

图 3-2-11

图 3-2-11　室内空间的顶棚可以营造出室外
　　　　　　效果

图 3-2-12　苏州博物馆洁净的顶棚形式隐隐流
　　　　　　露出传统韵味

图 3-2-12

光的运用在整体界面构造细部的设计中具有重要意义。采光与照明形成的光影效果与虚实关系会给空间整体带来相当大的影响，若处理不当，则可能会破坏界面的整体形象。相对单一色彩的界面构造细部一般易于处理，而多种色彩进行组合搭配的构造细部处理难度则相对大一些。问题的关键主要还是色彩之间的面积比以及材料之间的衔接过渡关系（见图 3-2-13 和图 3-2-14）。

图 3-2-13

图 3-2-13 光的运用强化了界面的领域感及层次感

图 3-2-14 以点、线、面、体等形态进行光的组织

图 3-2-14

图 3-2-15

显然，界面之间的过渡及构造处理更是构造设计细部之中的细部。地面与墙面、墙面与顶棚、墙面与墙面及同一界面之中的细部变化都应是过渡界面的构造细部（见图 3-2-15）。许多风格、流派都是通过这种过渡界面的构造细部显现出来的。

3. 门窗要素

在空间主体的细部构造中，门、窗作为空间限定和联系的过渡，对空间的形象和风格起着重要作用。门、窗的位置、尺寸、造型构造等都会因功能的变化而变化，尤其是通过门、窗的处理，有时会从中映射出整体空间的风格样式和性格特征（见图 3-2-16 和图 3-2-17）。

图 3-2-16

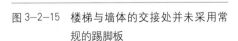

图 3-2-15　楼梯与墙体的交接处并未采用常
　　　　　　规的踢脚板
图 3-2-16　对窗的处理有时需要做减法方能
　　　　　　导入室外景色
图 3-2-17　客房卫生间的木门具有含蓄的装
　　　　　　饰肌理

图 3-2-17

4．楼梯要素

作为垂直交通体系的楼梯，其形式可谓多种多样。随着技术的进步，楼梯的概念也已突破了传统的形制，轿厢式升降梯、自动滚梯、观景式升降梯，甚至坡道的广泛使用，给人们带来了视觉上的巨大变化，对室内空间界面的观赏角度也突破了原来静态的低视角状态。因此，楼梯作为空间结构要素，其构造设计的样式处理和材质变化应存在相当多的发挥空间，这是我们应关注的重点（见图 3-2-18 ～图 3-2-21）。

图 3-2-19

图 3-2-18

图 3-2-18　古典样式的楼梯对空间起着重要作用

图 3-2-19　苏州博物馆楼梯简洁的形式与空间高度统一

图 3—2—20

图 3—2—20　扶手的造型与灯光的结合增强了
　　　　　空间的设计感
图 3—2—21　这里的楼梯起着划分空间的作用，
　　　　　样式及细部处理较为大胆

图 3—2—21

5．固定配置

固定配置其实就是室内空间中，为了满足不同功能的需要而设置的固定设施，也被称为固定家具。我们知道，就整体而言，室内外空间中的配套设施主要分为固定配置和活动配置。固定配置有时是室内空间界面的构成部分，如橱柜、书柜、酒柜、洗手台等，但多数固定配置是相对独立于空间的界面，如酒店大堂的总服务台、银行的柜台、酒吧的吧台、办公空间的接待台等。固定配置同样也属于构造设计的基本要素之一（见图3-2-22）。

图 3-2-22   固定的服务台颇具质朴的现代美感

图 3-2-22

图 3-2-23

图 3-2-23　楼地面构造做法示意

3.2.3　室内界面的构造做法

我们平时常见的构造无非楼地面构造、墙面构造、天花吊顶构造及其他细部构造等，由于材料不同、做法不同，很难逐一道来。因此，这里只能抓重点，介绍其规律性的构造形式，在以后工作中可以利用这些规律性的构造形式衍生出一些新的构造设计，以丰富空间构造类型。

1. 楼地面构造做法

楼地面是楼层地面和底层地面的总称。在室内装饰设计中，我们接触的建筑多是楼房，并且多存在若干层的地下空间，因此也可将首层地面作为楼地面来对待。除非首层地下空间为建筑的最底层。我们在建筑中遇到的或常说的地面，通常可理解成楼层地面或楼地面。而底层地面由于不太普遍，这里暂不重点表述。

（1）楼地面构造层次

楼地面一般是由承担荷载的结构层（主要指楼板）和满足使用要求的饰面两个部分组成。有时为满足找平、结合、防水、防潮、保温、隔热、隔声、弹性及管线等功能要求，往往需要在基层与面层之间增加若干中间层（见图 3-2-23）。

（2）楼地面饰面分类

我们常用的地面饰面材料很多，主要有石材地面、地砖地面、木地板地面、强化地板地面、地毯地面等，同时每种材料又有很多花样，会产生丰富的地面效果。

根据构造方法和施工工艺，可分成整体式地面、块材式地面、木地面及软质铺贴式地面等。

① 整体式地面。整体式地面一般造价较低，面层无接缝，档次也偏低。我们常见的现浇水磨石地面、水泥砂浆地面、细石混凝土地面、涂布油漆地面等均属此类。在现阶段，有些另类追求的设计似乎喜欢采用这种地面做法。

② 块材式地面。块材式地面主要指形状各异的块状材料做成的地面，主要以马赛克、地砖、预制水磨石、天然石材、玻璃等材料较为常用。块材地面铺贴，应先清扫基层，并洒一道素水泥浆，以增加黏结力；再摊铺 1 ∶ 3 水泥砂浆结合层（也有找平作用）。马赛克、地砖地面用的通常是 20 mm 厚的 1 ∶ 3 水泥砂浆找平层；大理石、花岗石地面一般用 30 mm 厚的 1 ∶ 3 干硬性水泥砂浆找平层，随后再洒一道素水泥浆，铺贴面材。

③ 木地面。木地面按材质不同，可简单地分为实木地板、复合木地板、强化地板、软木地板等。按构造形式划分，有直铺式、架空式、实铺式。

• 直铺式。直铺式即直接将地板（如强化地板）悬浮铺在地面上，下垫防潮隔离垫层，也可将地板黏结在找平后的地面上。

• 架空式。这种地垄式做法较为传统，而且占有空间过多，目前较少采用。

• 实铺式。在结构基层找平的基础上固定木龙骨，上敷设基层板材，再铺木地板，或将木地板直接固定在龙骨上。

④ 软质铺贴式地面。软质铺贴式地面就是最常见的地毯、塑料地板等。

这里需要重点强调的是，楼地面施工工艺虽然各有不同，但其构造形式并不复杂，况且我们学习构造知识，目的是通过图纸来表现其构造。因此，只要掌握一定的施工工艺，图面表现构造形式相对简单，大多为常规做法，图纸表现时不必面面俱到。

（3）特殊地面构造

① 发光地面。发光地面的做法在电视台综艺、访谈类演播空间以及舞厅的舞台等休闲娱乐空间中最为常见。所谓发光地面，主要是指在透光地板下隐藏了光源而已。

发光地面的透光材料常用钢化夹层玻璃、双层中空钢化玻璃等。其架空支撑结构一般由钢结构（如 L50 mm×50 mm 角钢或者 100 mm×100 mm 方钢）支架、混凝土或砖墩等构成，钢结构较为常用，并考虑侧面每隔 3～5 m

图 3-2-24

预留 180 mm×180 mm 的散热孔（加封铁丝网，以防老鼠之类的动物破坏）。发光地面的灯具应选用冷光源灯具（具有优势的 LRD 光源已逐渐普及）。

② 活动夹层地板。这类地板一般具有抗静电性能，配以缓冲垫、橡胶条及可调节的金属支架等。安装、调试、维修较为便捷，板下可敷设管道和管线，所以常用于计算机房、指挥控制中心等空间（见图 3-2-24）。

我们在这里应重点关注活动夹层地板的标高、规格尺寸、预留插座接口的位置等问题，而对于其构造，了解其施工原理即可，似乎不必在图纸上交代得过于具体，因为毕竟都是常规做法。

2. 墙面装修构造做法

这里主要指室内空间的内墙面构造。当然，随着设计新思路的不断涌现，许多外墙材料也频频出现在室内空间中，如清水墙面、混凝土墙面以及一些外墙砖等都常常使用在室内墙面上。

按照施工工艺和材料的不同，墙面构造可分为抹灰类、贴面类、卷材类、涂刷类、饰面板类、清水墙类等。其中，抹灰类、卷材类、涂刷类、清水墙类墙面装修构造的难点主要是施工工艺，其构造的图纸表现并不复杂，一般都有相关的施工标准和规范。我们只要知道结构墙体和面层之间还存在一定比例关系的中间结合层，就容易在图纸上表现其构造了，关键在于用文字说明其构造做法。

（1）贴面类构造

这里主要指不同规格的块材形成的墙体贴面。由于材料的形状、重量、装饰部位可能不同，它们之间的构造方法也会有一定差异。轻而小的材料（如瓷砖、马赛克、小块石材等）可直接用水泥砂浆镶贴，大而厚重的材料（如大理石、花岗石等）则应采取钩挂方式，以保证与主体结构的连接牢固。

现在市面上也有一种叫作瓷砖胶的材料，主要是在水泥黄沙里添加相应比例的聚合物添加剂，来提升黏性和施工效率。瓷砖在粘贴前无需预先浸水，基面也不需打湿，只要铺贴的基础条件较好，就可以使施工作业的效率得到

图 3-2-24 活动夹层地板

较大提高，替代了常规水泥砂浆黏性不足、容易空鼓的缺点，尤其适用于作业面小且工作环境不理想的中小工程和家庭装修。

对于钩挂类贴面，前面也已经讲过，一种是灌浆法（湿贴）；另一种是干挂法（空挂）。前者由于施工方法较落后已基本被弃用，而干挂法因施工较为先进而正大行其道。

干挂法石材幕墙常用的有"针销式""蝴蝶式（也称两头翻）"和"T形挂件"石材干挂系统。上下板块之间采用针销（或蝴蝶片、T形挂件）连接，结构简单，施工方便，但石材上下板块之间相互关联，要移动或更换一块石材板块必须牵动周围的板块，不具备独立更换的功能，对于石材的维护十分不便；尤其石材受力点集中在针销开孔处（或蝴蝶片、T形挂件沟槽处），受力面积较小，安全性较差。在安装过程中，石材槽口需现场灌注云石胶，最好是专用胶黏剂固定，因此受石材固定方式的影响，不适用于大规格石材板块幕墙（见图3-2-25）。

此外，还有一种较为常见的"背栓式"石材干挂法。采用背栓（一种石材专用连接螺栓）将石材（一般厚度不小于30 mm）固定在与主体结构连接的钢龙骨上，常用于建筑的外墙及室内墙面（见图3-2-26）。

图3-2-25

图3-2-25 "T形挂件"石材干挂法
图3-2-26 "背栓式"石材干挂法

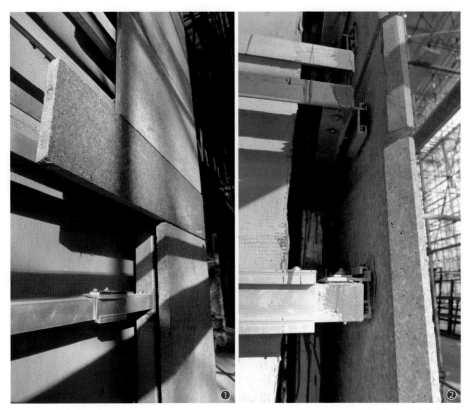

图 3-2-26

　　实际上，石材墙体干挂的具体配件和施工技术远比我们想象的复杂得多，一般由专业幕墙公司进行详细的深化处理，我们目前可关注石材外表面形成的装饰效果，并通过图纸表达出来，对此应先有一个感性认识。

　　我们也许对这些构造形式还是不太清楚，感觉不知如何在图纸上表现它们，如何画出其构造节点，就是看此类图纸也是眼花缭乱、晕头转向。虽然理论上对于节点构造的交代应具体而准确，但若是处于初学阶段，我们在图纸上表现其构造详图时，也应明白和掌握其构造的规律与施工工艺的可行性。不管采用哪类方法，石材与结构墙体之间是存在一定比例的空隙的，如果暂时不了解其内部连接构造，也可只画出其比例关系，用文字说明其构造方法即可。如果画不清楚，那就别盲目乱画，否则只能给施工带来不必要的麻烦。因此，重点要交代贴面材料的规格、厚度、品种及外表装饰的造型（见图 3-2-27）。

　　此外，常用石材的阳角处理也有如下形式（见图 3-2-28）。

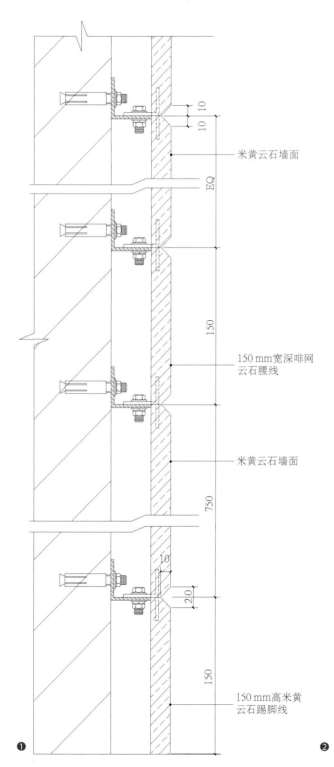

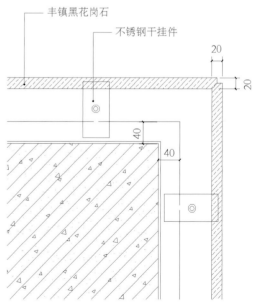

图 3—2—27　石材干挂示意
图 3—2—28　常用石材的阳角处理

米黄云石墙面

150 mm宽深咖网云石腰线

米黄云石墙面

150 mm高米黄云石踢脚线

丰镇黑花岗石

不锈钢干挂件

❶

❷

图 3—2—27

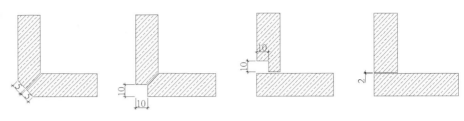

图 3-2-28

（2）饰面板类构造

这里主要指木饰面板（如榉木板、樱桃木板、胡桃木板、柚木板、枫木板）、胶合板、石膏板、玻璃、薄金属板等饰面板，通过钉、胶、镶等构造方法形成的墙面做法。

饰面板类的构造做法一般是先在结构墙体上固定龙骨架（木龙骨或金属龙骨），有时再固定厚基层板（如环保型大芯板等），形成结构层；最后利用钉、粘、铆、嵌等方法，将饰面板固定在结构基层上。我们平时常见的木质墙面、软包饰面等构造做法均属同类。

3．顶棚装修构造做法

顶棚装修一般有以下几种分类方法。

① 按构造层显露状况的不同分类：开敞式顶棚、隐蔽式顶棚。

② 按面层与龙骨的关系不同分类：固定式顶棚、活动装配式顶棚。

③ 按承受荷载大小的不同分类：上人顶棚、不上人顶棚。

④ 按施工方法不同分类：抹灰涂刷类顶棚（如乳胶漆饰面）、裱糊类顶棚（如贴壁纸、金箔）、贴面类顶棚（如镶贴木饰面板）、装配式顶棚（如安装矿棉板、铝扣板）等。

⑤ 按顶棚装修饰面与结构楼板基层关系的不同分类：直接式、悬吊式。

• 直接式顶棚：不使用吊杆，直接在结构楼板底面进行基层处理，抹灰、涂刷、粘贴壁纸、装饰石膏造型等，管线等设备也均已预埋。我们常见的家装顶棚因空间较低，常采用这种做法。

• 悬吊式顶棚：实际上就是常用的所谓"吊顶"，指顶棚的装饰面层与楼板之间留有一定距离，在这段空间中，通常需结合布置各类管道、设备，如空调风管、电管、烟感、喷淋、灯具等。吊顶还可高低变化，进行叠级造型处理，丰富空间层次。这类做法较为普遍，一般公共空间的顶部处理常采用这种方法。

悬吊式顶棚主要由吊筋、基层、面层三大部分组成。

第一，吊筋是连接龙骨与结构楼板的承重构件，承受顶棚的荷载。吊筋有钢筋（间距为 900 ~ 1 200 mm）、型钢（角钢或 H 形钢等，用于重型顶棚）、木龙骨（考虑到防火要求，尽量不用或少用）。

第二，基层即骨架层，由主龙骨、次龙骨等形成网格骨架体系，下连接面层。顶棚基层一般有金属基层（常用轻钢龙骨和铝合金龙骨）和木基层（一般为框架式和板式，多用于造型较复杂的顶棚，但须进行防火处理）两大类。

第三，面层不但能起装饰作用，还可具有吸音、反射等功能。面层有抹灰类、板材类、格栅类、常用板材类（如纸面石膏板、矿棉吸音板、金属微孔板等）。

轻钢龙骨纸面石膏板吊顶构造一般见图 3-2-29。

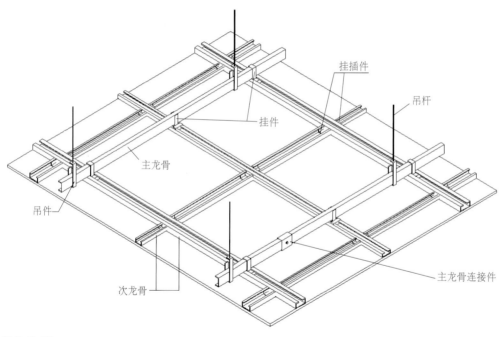

挂插件
吊杆
挂件
主龙骨
吊件
主龙骨连接件
次龙骨

图 3-2-29

图 3-2-29　轻钢龙骨纸面石膏板吊顶构造
图 3-2-30　活动式装配吊顶构造
图 3-2-31　跌级吊顶构造处理

活动式装配吊顶构造一般见图 3-2-30。

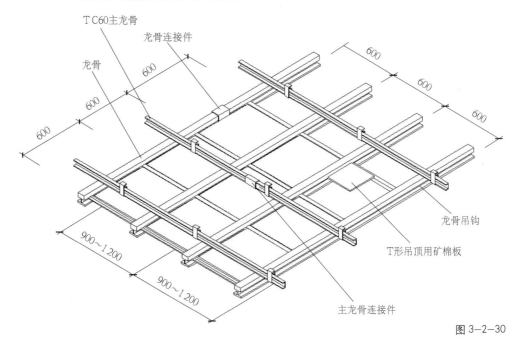

图 3-2-30

跌级吊顶构造处理一般见图 3-2-31。

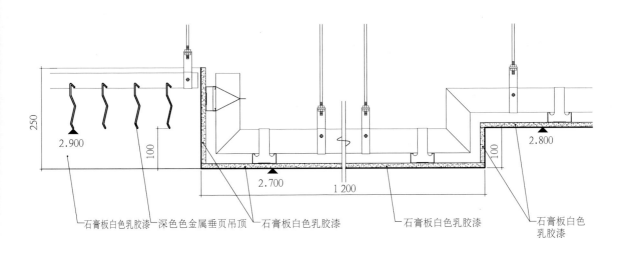

图 3-2-31

天花灯槽构造处理一般见图3-2-32。

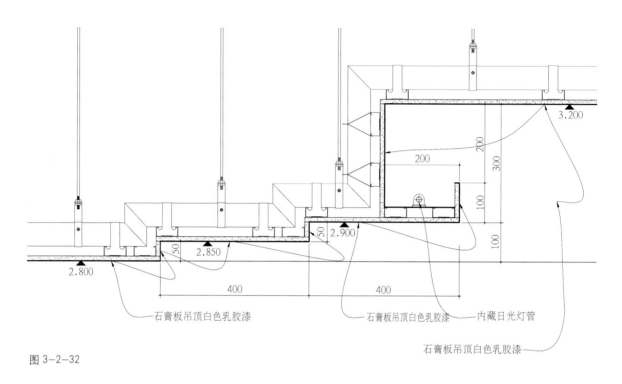

　　　石膏板吊顶白色乳胶漆　　　　　　　石膏板吊顶白色乳胶漆——内藏日光灯管

　　　　　　　　　　　　　　　　　　　　　石膏板吊顶白色乳胶漆

图 3-2-32

3.2.4　单一构造与混合构造

1. 单一构造与混合构造的特点

图 3-2-32　天花灯槽构造处理

　　单一构造，这里是指某一室内形态或配置的构造形式
采用单一的构造方式，常见的单一木构造或金属构造等即
可实现；而混合构造由于对特定设计功能或风格的追求，
需要运用多种材料，其多样性使得某些配置更多通过混合
构造方式来具体呈现，如吧台、服务台、银行柜台、办公
室接待台等室内空间的固定配置，多采用砌块砖结构、钢
结构、混凝土结构与木构造、玻璃构造等混合构造连接，
以保证配置结构的稳固性和细部构造实施的合理性。

　　这里借助固定配置这个载体，目的是介绍混合式构造
的特点，这样似乎容易抓住它们相互之间的某些规律，显
得富有层次性和逻辑性，对明晰和掌握构造设计会有一定
帮助。一是为了满足配置防火、防烫、防腐、耐磨和操作

使用方便的功能要求；二是为了满足创造整体感和个性化装饰效果的要求；三是重点保证了固定配置的结构稳定性。当然，由于现代施工技术和新型材料的不断发展，单一型构造的固定配置不存在稳定性的问题。

2. 混合构造的组合形式

① 稳定性。在混合式构造中常以钢结构、砌块砖结构或混凝土结构作为基础骨架，来保证固定配置的稳固性。

② 实用性。通常用木结构（或厚玻璃结构）来组合成固定配置的功能使用部分，以满足使用要求。

③ 装饰性。用大理石或其他饰面材料作为固定配置的表面装饰，满足视觉和触觉等感观需要。

④ 精致性。用不锈钢槽、管，铜条、管，木线条等来构成固定配置上的点缀部分。

3. 混合构造的基本连接方式

① 石材与金属骨架之连接常采用干挂法或钢丝网水泥砂浆粘贴。

② 石材与木结构之间采用强力云石胶黏接或铆钉连接。

③ 金属骨架与木结构的连接采用螺栓。

④ 砌块砖、混凝土结构与木结构之连接常采用预埋木楔的方式。

⑤ 厚玻璃结构采用金属卡脚或玻璃胶固定。

⑥ 线条材料常用粘、卡、钉接固定。

⑦ 金属材料之间的连接方式有以下几种：

• 金属型材可以焊接。

• 金属板材或型材可以压子母槽扣接。

• 金属板材或型材可以用铆钉螺栓连接。

• 金属板材可以用强力胶粘贴于其他基层材料上。

• 金属板材可以高压或热压，可弯曲一体施工。

• 金属板材也可直接置放于构架间。

4. 混合构造的质量要求

装饰装修工程对混合式构造配置体的质量要求是：各种结构之间连接稳固；不同材料的过渡流畅自然；衔接之处紧密贴切，达到整体上浑然一体的装饰效果。

由此可见，只要掌握了混合式构造的特点，对于其他单一的结构形式，如木结构、金属结构、混凝土结构等，就比较容易把握了，而对那些感觉较复杂的固定配置或装饰造型，也能够透过其表面抓住其构造规律，因而对构造设计的畏惧心理也会逐步减弱。

3.3 材料及构造设计图例

3.3.1 材料搭配案例分析

材料搭配的效果和作用见图 3-3-1。

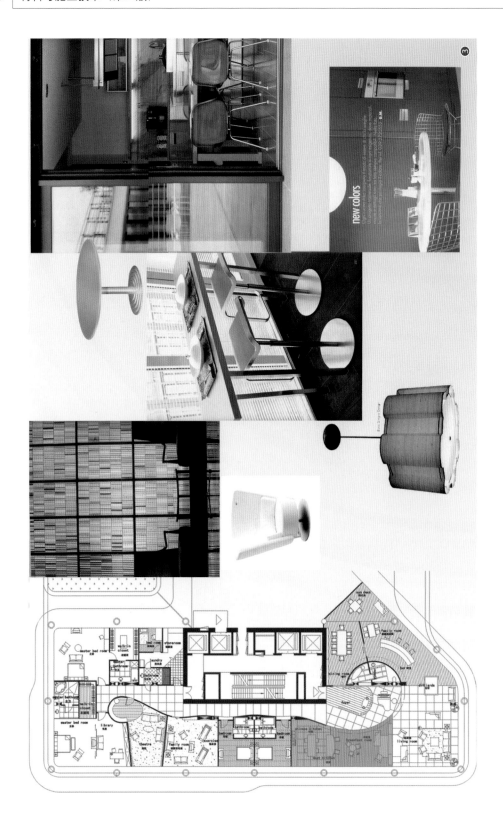

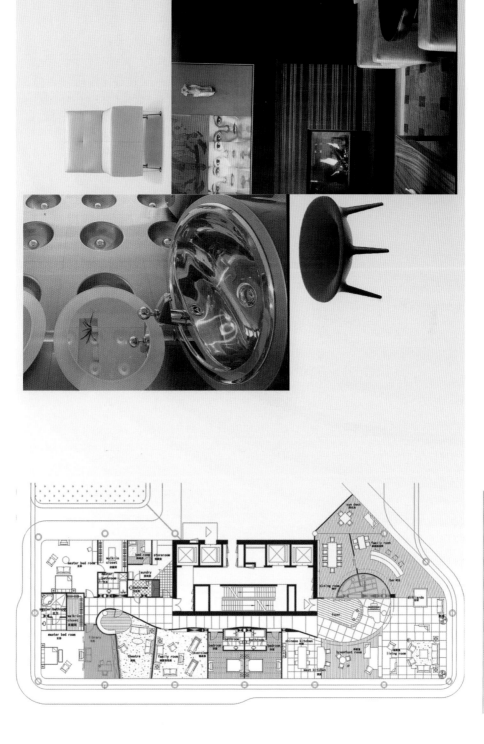

图 3-3-1

图 3-3-1　材料搭配的效果和作用

3.3.2　门及门套构造处理

门及门套构造处理见图 3-3-2。

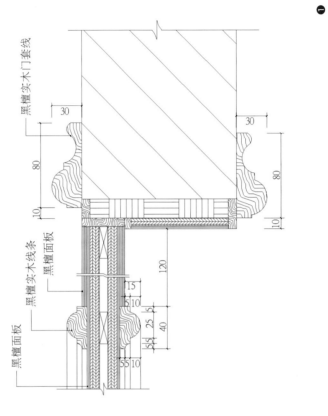

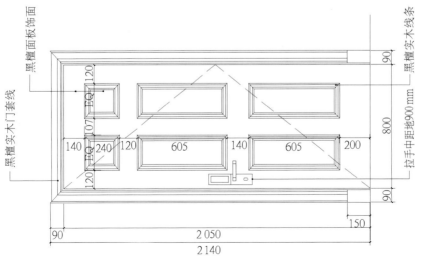

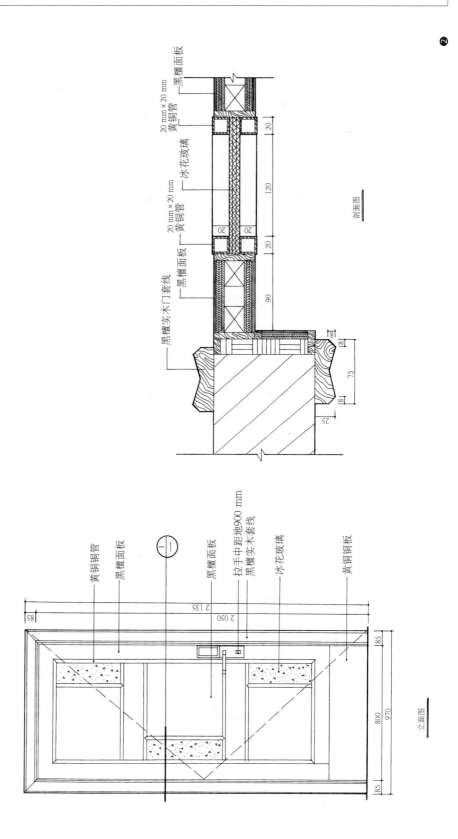

剖面图

立面图

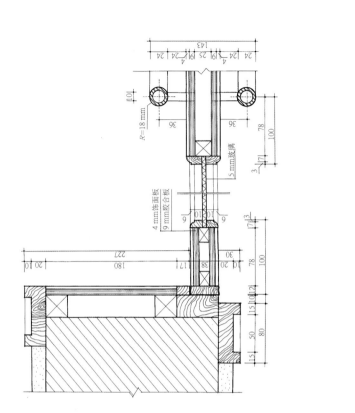

图 3-3-2

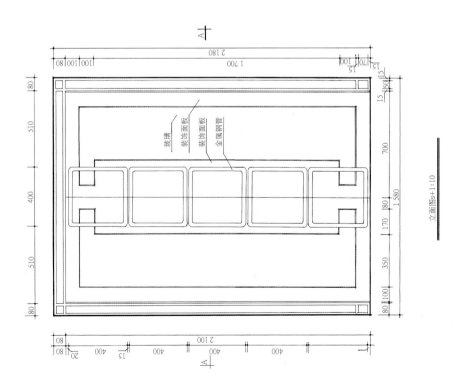

立面图s+1:10

图 3-3-2　门及门套构造处理

3.3.3　吧台、服务台构造处理

吧台、服务台构造处理见图 3-3-3。

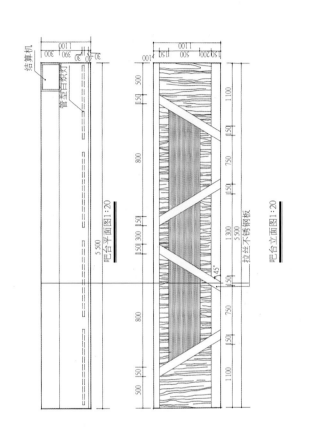

吧台平面图1:20

吧台立面图1:20

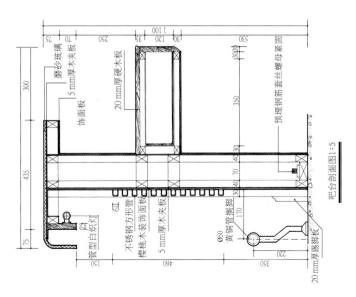

吧台剖面图1:5

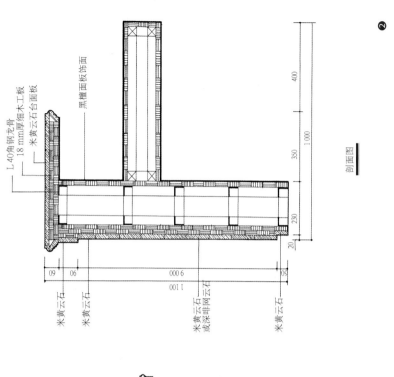

剖面图

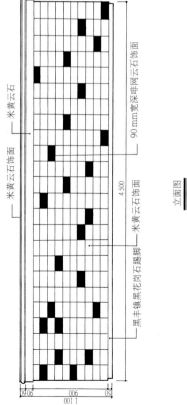

立面图

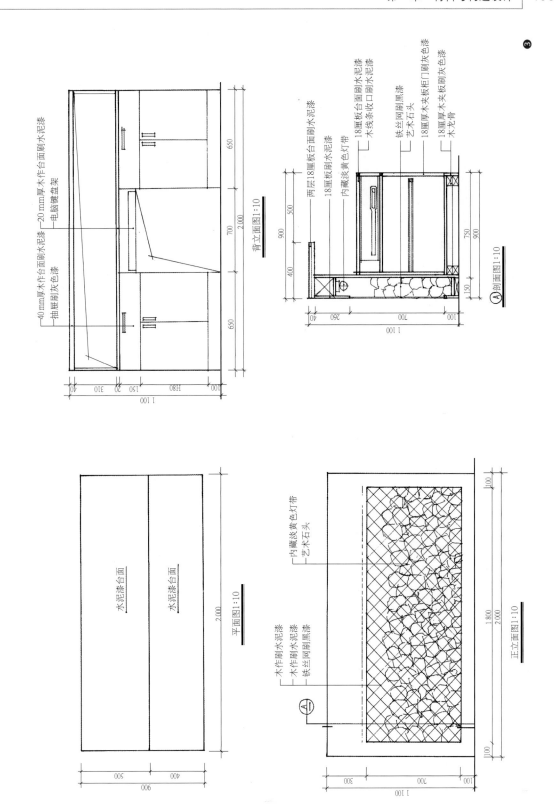

背立面图1:10

剖面图1:10

平面图1:10

正立面图1:10

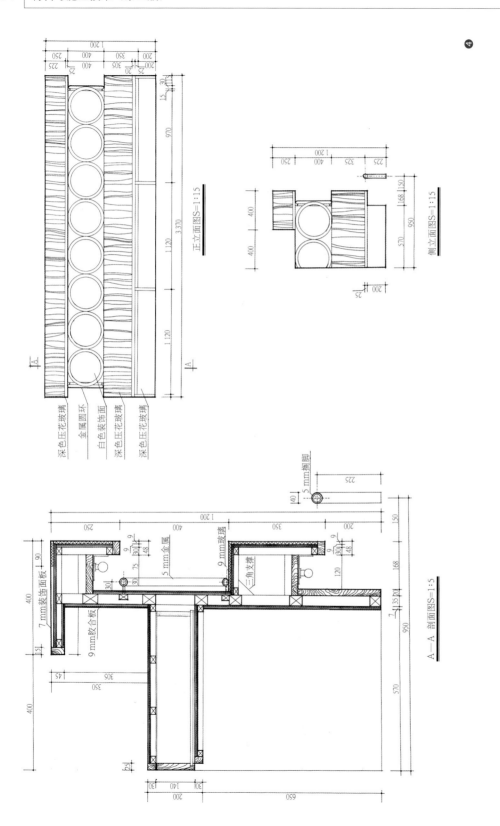

正立面图S=1:15

侧立面图S=1:15

A—A 剖面图S=1:5

深色压花玻璃
金属圆环
白色装饰面
深色压花玻璃
深色压花玻璃

7 mm装饰面板
9 mm胶合板

5 mm金属
9 mm玻璃
三角支撑
5 mm搁脚

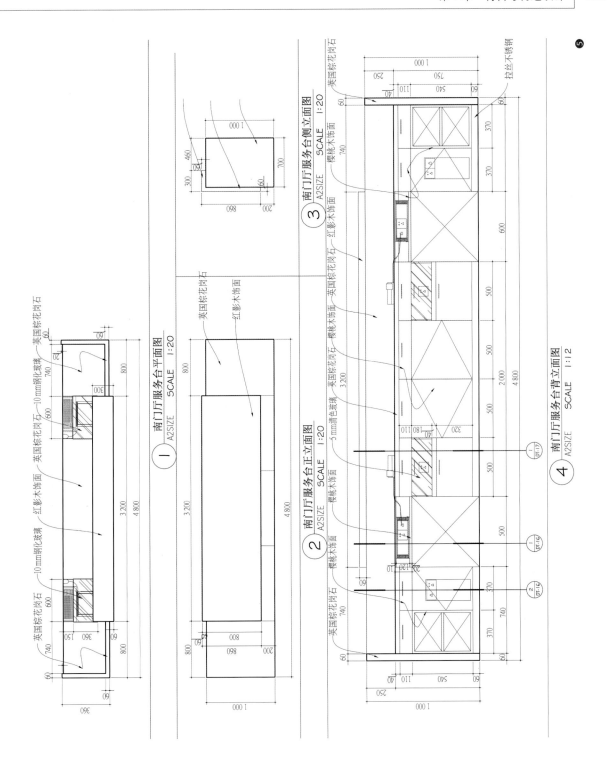

① 南门厅服务台平面图 A2SIZE SCALE 1:20

② 南门厅服务台正立面图 A2SIZE SCALE 1:20

③ 南门厅服务台侧立面图 A2SIZE SCALE 1:20

④ 南门厅服务台背立面图 A2SIZE SCALE 1:12

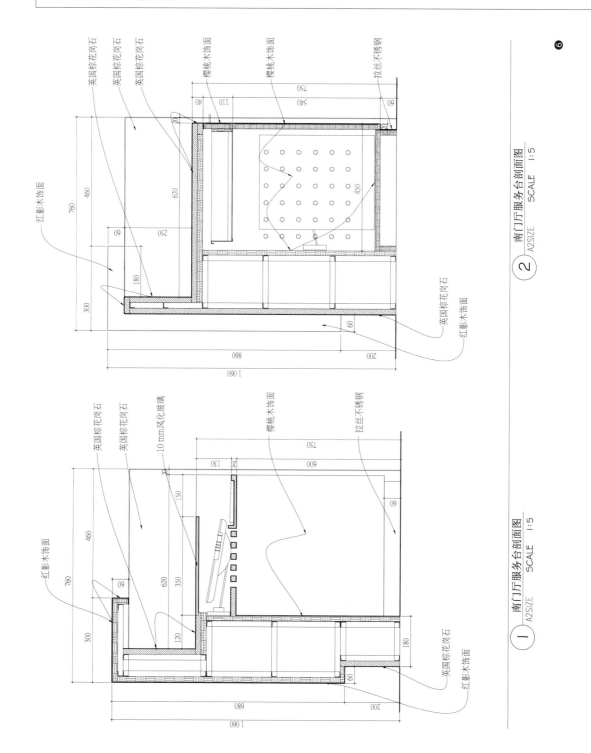

② 南门厅服务台剖面图 A2SIZE SCALE 1:5

① 南门厅服务台剖面图 A2SIZE SCALE 1:5

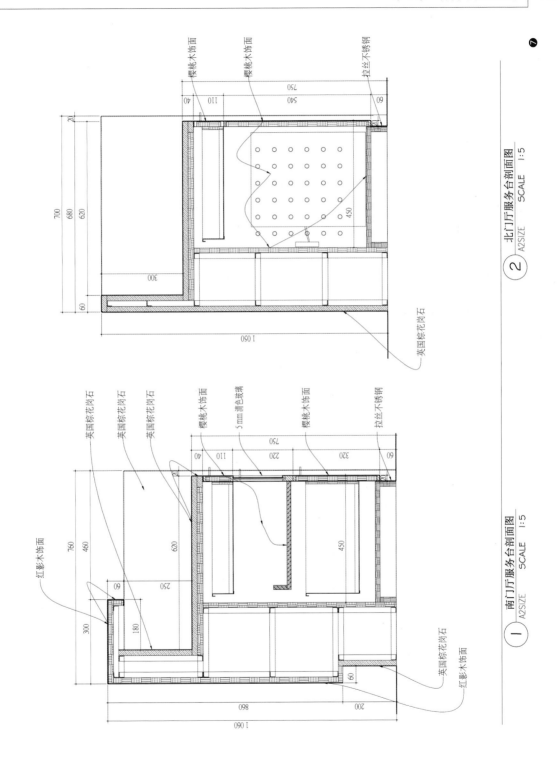

樱桃木饰面

樱桃木饰面

拉丝不锈钢

英国棕花岗石

② 北门厅服务台剖面图
A2SIZE　SCALE　1:5

英国棕花岗石
英国棕花岗石
英国棕花岗石
樱桃木饰面
5 mm清色玻璃
樱桃木饰面
拉丝不锈钢
红影木饰面

英国棕花岗石
红影木饰面

① 南门厅服务台剖面图
A2SIZE　SCALE　1:5

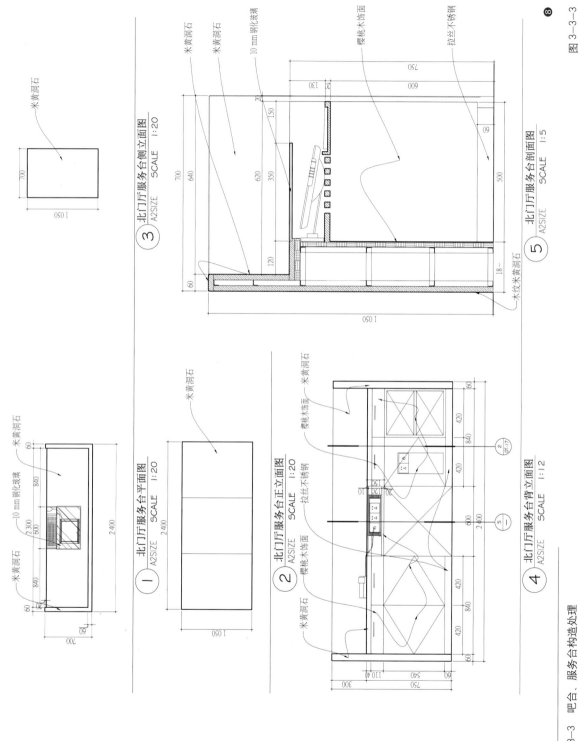

图 3-3-3 吧台、服务台构造处理

图 3-3-3

3.3.4　洗手台构造处理

洗手台构造处理见图 3-3-4。

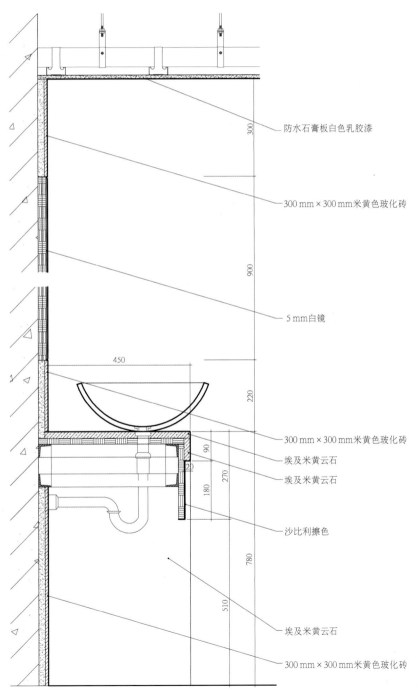

防水石膏板白色乳胶漆

300 mm×300 mm米黄色玻化砖

5 mm白镜

300 mm×300 mm米黄色玻化砖

埃及米黄云石

埃及米黄云石

沙比利擦色

埃及米黄云石

300 mm×300 mm米黄色玻化砖

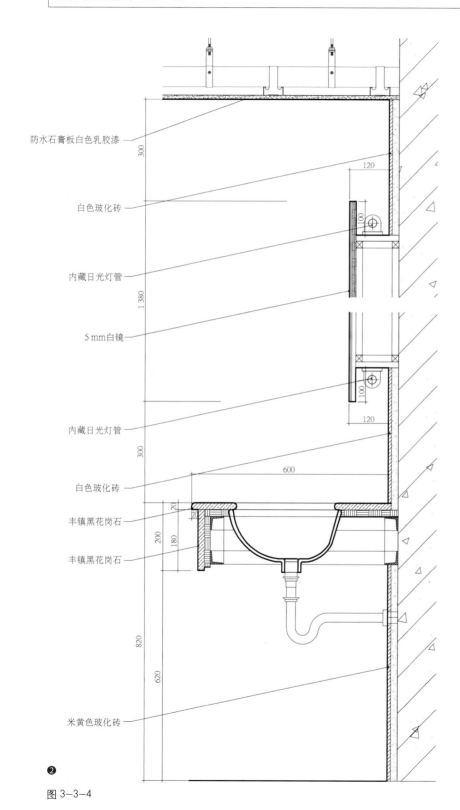

防水石膏板白色乳胶漆

白色玻化砖

内藏日光灯管

5 mm白镜

内藏日光灯管

白色玻化砖

丰镇黑花岗石

丰镇黑花岗石

米黄色玻化砖

❷

图 3-3-4

图 3-3-4　洗手台构造处理

3.3.5　楼梯及护栏构造处理

楼梯及护栏构造处理见图 3-3-5。

楼梯构造 与 细部设计
2016.1.10
指导老师：李朝阳　学生：陈凤红　学号：2015224038

我们都有找不到方向的时候
We all can not find the direction of the time

■ 环境定位：

艺术工作室

　　这是一家艺术设计工作室，工作室在艺术园区，这里都是年轻的工作者，他们每天在这个空间创造、阅读和交流，楼梯成为这个空间唯一的垂直交通。

　　空间结构：LOFT空间，楼梯秩序感，自由、开放式共享空间。

■ 设计理念：

　　此楼梯的存在环境在艺术文创中心区，浓郁的艺术文化办公空间的公共楼梯本可以用亮颜色引导空间的垂直交通作用，也可以给冰冷的混凝土赋予一种曾经的温度，或有激情或有力量的空间导视系统。根据每层功能不同，扶手的颜色也可以不同，可以是深沉的蓝色，也可以是浪漫的紫色，亦或是富有生机的绿色，让扶手在空间里唱歌，也可以作为随时就能坐下来思考的空间。

休息 — 楼梯 — 装置
交通 — 导视

可以坐下来读书的地方

空间导视作用　　照明作用

■ 材料分析：

夹胶钢化玻璃

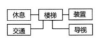

钢化玻璃强度高，稳定，安全，通透，做扶手护栏不挡光线，有时尚感。

聚氨酯材料

聚氨酯材料硬度范围宽、具有良好的低温性能，耐磨，选择作为踏面的休息坐面材料。

水泥踏步水泥砖墙

用水泥做楼梯结构和面层内部可以加固钢筋，使二楼连接处更稳固，与环境更协调。

方案效果一

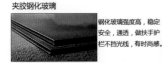

靠墙扶手方案一

扶手可以变化颜色

■ 细节大样

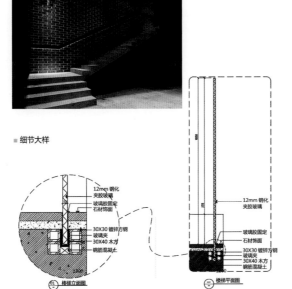

12mm 钢化
夹胶玻璃
玻璃胶固定
石材饰面
30X30 镀锌方钢
玻璃夹
30X40 木方
钢筋混凝土

楼梯立面图

12mm 钢化
夹胶玻璃

玻璃胶固定
玻璃夹
石材饰面
30X30 镀锌方钢
玻璃夹
30X40 木方
钢筋混凝土

楼梯平面图

❶

楼梯构造 与 细部设计

指导老师：李朝阳　学生：陈凤红　学号：2015224038

2016.1.10

我们都有爱坐台阶的情怀
We all love to sit on the steps of the feelings

有一种情怀叫在台阶上坐一会儿，躲在楼梯里看喜欢的书，也可以偷偷玩游戏，还可以哭鼻子，让更多的负性情绪更舒服地释放，于是要有坐下来的台阶，不那么冰冷的台阶——表面用布饰面或者柔软的织物！楼梯的宽度设置在1500mm以上，这样可以有鲜亮的栏杆扶手，后面藏灯，可以在看书时有光亮，下楼梯时不用再开手机来照明了。

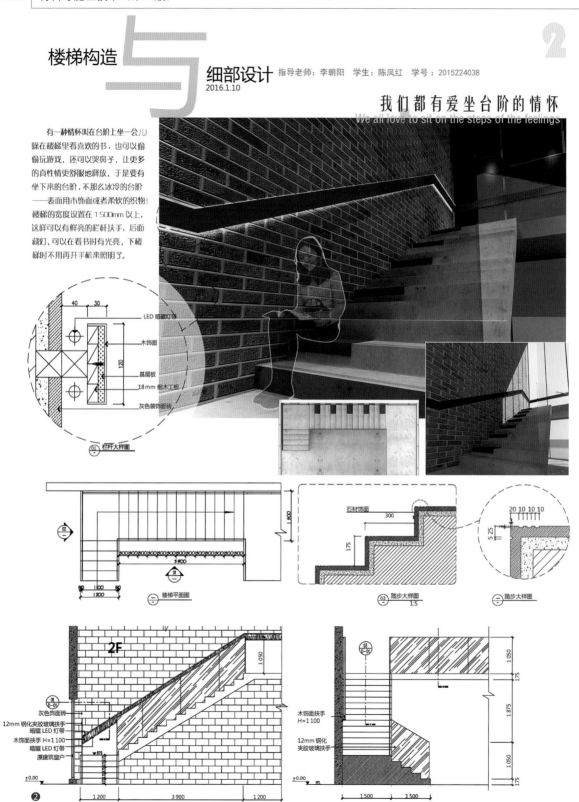

LED暗藏灯带
木饰面
基层板
18mm 细木工板
灰色装饰面砖

01 栏杆大样图

楼梯平面图

石材饰面

03 踏步大样图
1:5

踏步大样图

2F
灰色饰面砖
12mm 钢化夹胶玻璃扶手
暗藏LED灯带
木饰面扶手 H=1100
暗藏 LED 灯带
原建筑窗户

踏步大样图

木饰面扶手
H=1100
12mm 钢化夹胶玻璃扶手

03 踏步大样图

楼梯构造设计//////////
STAIRS STRUCTURE DESIGN
指导老师：李朝阳 **姓名：**张红梅 **学号：**2016213383 **专业：**科普展示

环境选定
ENVIRONMENT

北京市吉利艺术家工作室

吉利工作室是一个主要举办展览以及一些艺术家工作室的地方，自由的艺术气息比较浓重。

户型：大多都是loft风格的展厅

这个空间的特点是自由、开放、时尚，机械和loft风格明显。

设计理念
DESIGN IDEA

一个楼梯和扶手是空间中必不可少的构造，但是一个楼梯可以具备多功种能，例如，很多楼梯增加了书架的功能，在这个展览空间中楼梯可以起到很大的作用，楼梯可以有多种使用途径，既可以体验普通楼梯的功能，又可以通过人为的变化使楼梯更加具有趣味性和多功能性。

楼梯　——展架

　　　——隔断

　　　——游戏场所

楼梯的扶手可以作为展墙，安放展品。

可以作为空间的隔断，分隔空间。

材质分析
MATERIAL

钢条具有弹性和硬度兼备，起到基础支撑的作用。

T形木板是纯天然材质，和钢条材质形成对比，弱化工业气息。

长条螺栓起到固定的作用，方便拆装和固定。

功能分析
FUNCTION

[方式一]

可以把木板拿走，钢架可以实现楼梯的作用，实现一种工业风格。

[方式二]

把T形的木板装上，实现木质感的楼梯，结构简单，可以随时安装。

节点分析
NODE ANALYSIS

基础钢架（静）　　动+静　　可移动木板（动）

两种体验方式

NO1

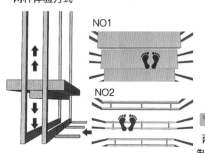

NO2

受力分析

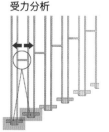

两个单位互相制约，制约水平方向的晃动。

连接螺栓

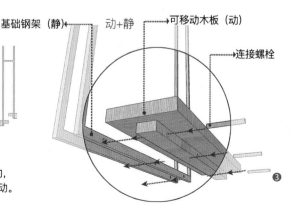

❸

楼梯构造设计//////////

STAIRS STRUCTURE DESIGN
指导老师：李朝阳 **姓名：**张红梅 **学号：**2016213383 **专业：**科普展示

钢架体验效果展示 ▼

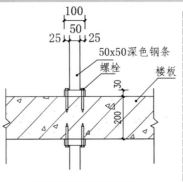

木板体验效果展示 ▼

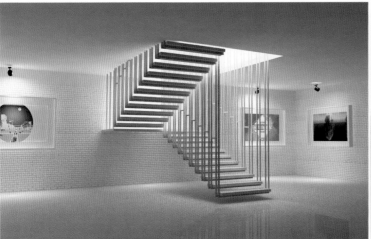

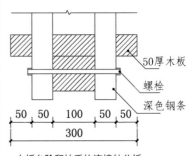

100
50
25 ⟷ 25
50x50深色钢条
螺栓
楼板
30
200

楼梯和楼板的连接处分析

50厚木板
螺栓
深色钢条
50 | 50 | 100 | 50 | 50
300

木板台阶和扶手的连接处分析

❹

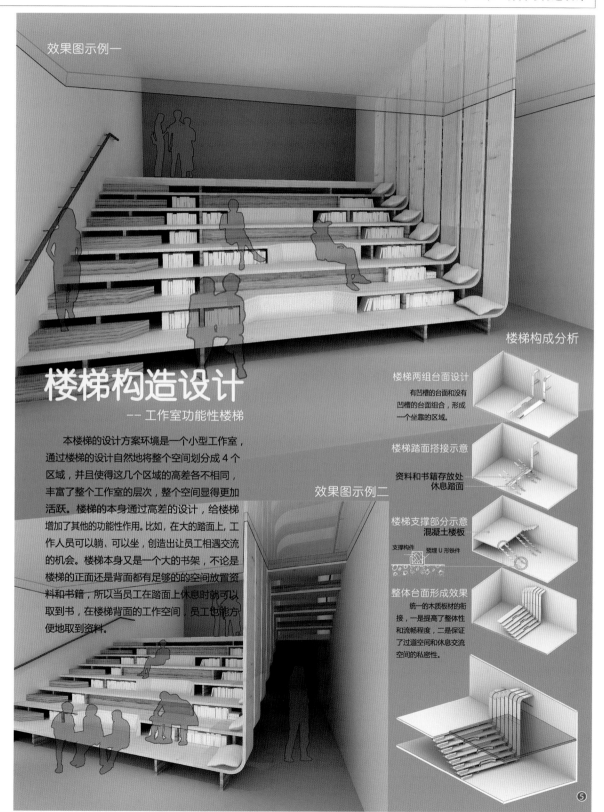

效果图示例一

楼梯构造设计

-- 工作室功能性楼梯

　　本楼梯的设计方案环境是一个小型工作室，通过楼梯的设计自然地将整个空间划分成 4 个区域，并且使得这几个区域的高差各不相同，丰富了整个工作室的层次，整个空间显得更加活跃。楼梯的本身通过高差的设计，给楼梯增加了其他的功能性作用。比如，在大的踏面上，工作人员可以躺、可以坐，创造出让员工相遇交流的机会。楼梯本身又是一个大的书架，不论是楼梯的正面还是背面都有足够的的空间放置资料和书籍，所以当员工在踏面上休息时就可以取到书，在楼梯背面的工作空间，员工也能方便地取到资料。

效果图示例二

楼梯构成分析

楼梯两组台面设计

有凹槽的台面和没有凹槽的台面组合，形成一个坐靠的区域。

楼梯踏面搭接示意

资料和书籍存放处
休息踏面

楼梯支撑部分示意
混凝土楼板

支撑构件　　预埋 U 形铁件

整体台面形成效果

　　统一的木质板材的衔接，一是提高了整体性和流畅程度，二是保证了过道空间和休息交流空间的私密性。

⑤

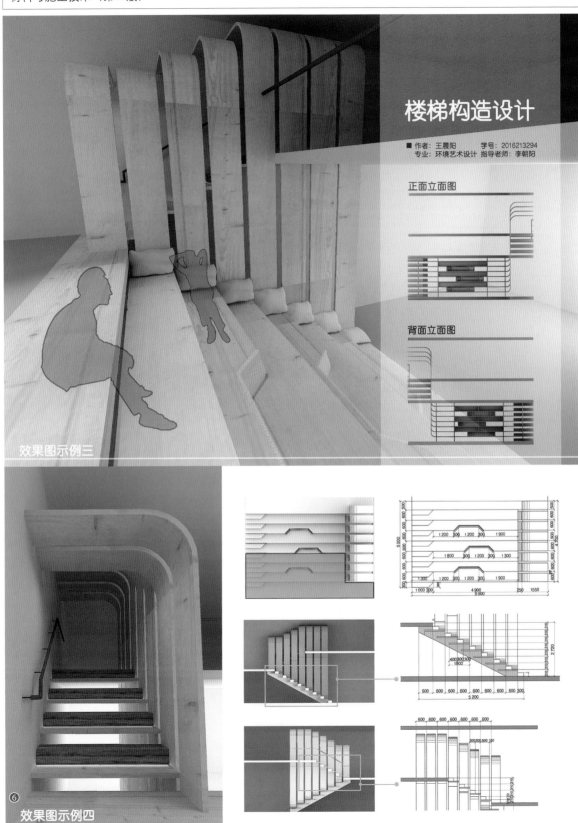

楼梯构造设计

作者：王晨阳　　　学号：2016213294
专业：环境艺术设计　指导老师：李朝阳

正面立面图

背面立面图

效果图示例三

⑥

效果图示例四

学生姓名：叶子芸
指导老师：李朝阳
办公空间楼梯设计分析

一 我国古典楼梯式样

　　我国古典建筑中的楼梯大多数都是通过榫卯结构或者是直接用石块堆砌而成。

　　木构造的楼梯形制往往较为规整，但是随着时间的推移容易松动，不能经受腐蚀和潮湿。

　　石头堆砌而成的楼梯大多费时费力，能够经历起雨水的冲刷，但是往往形制不够规整。

二 现代楼梯

构造技术的进步

材料技术的进步

形式语言的丰富

哲学原理的运用

三 未来楼梯趋势

1.人体进化分析

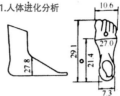

　　①随着人类的进化和不断的发展，四肢的比例会逐渐增大，脚部的长度自然也会增长。

　　②从使用功能上来说，女性穿的高跟鞋的跟在上楼梯的时候不能够落到楼梯表面上，这样大大增加了危险系数。

　　③踢面的高度，随着人类腿力的不断增加也能够有所增高。所以，我设计的在未来的发展中楼梯的踏面宽度会增加。

2.我国人口增长趋势分析

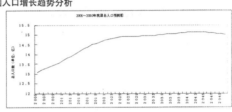

图 1   未来中国人口增长 趋势预测

表 1   未来中国人口总 量预测

年份	2006	2010	2020	2030	2040	2050
预测人口数(亿)	13.069	13.530	14.516	14.798	14.944	15.033

数据来源：王玉春《中国人口增长预测》
文章编号:1672691X(2008)05002609

3.我国土地资源人均占有量及趋势

　　我国土地资源的特点是"一多三少"，即：绝对数量多，人均占有量少，高质量的耕地少，可开发后备资源少。我国内陆土地总面积约144亿亩，居世界第三位，但人均占有土地面积约为12亩，不到世界人均水平的1/3。

　　我的人口增长率虽然在降低，但是基数庞大，人口总体上还是呈现增长趋势。

学生姓名：叶子芸
指导老师：李朝阳 **办公空间楼梯设计**

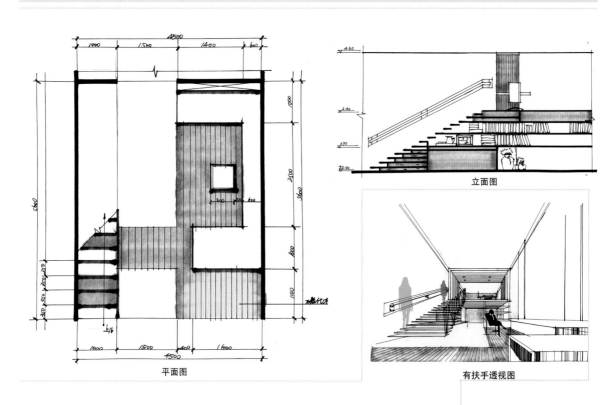

平面图

立面图

有扶手透视图

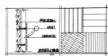

大样及材质分析

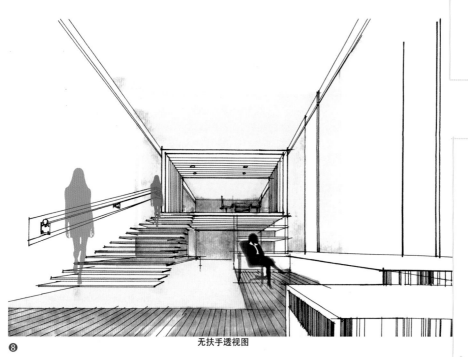

无扶手透视图

设计说明：

经过一定的调研，发现工作室类型的楼梯大多数的现状为不合理的两种：1.不符合人机工程学，只是为了节约空间，而不顾安全性。2.满足人体的使用要求，但是空间上造成了巨大的浪费。所以，在设计这个楼梯的时候根据未来人类的发展进化，以及基于我国的现状（包括人均土体面积和人口增长趋势）进行了办公空间的楼梯设计，能够利用好楼梯下部空间，在视觉上有一定的统一性、美观性。材料选取的是较为廉价易得的木材和石膏板。楼梯材料为原木抛光上漆，内包不锈钢结构作为支撑。

楼梯构造设计

室外楼梯设计　王琨2016213390 科普展示设计
指导老师：李朝阳

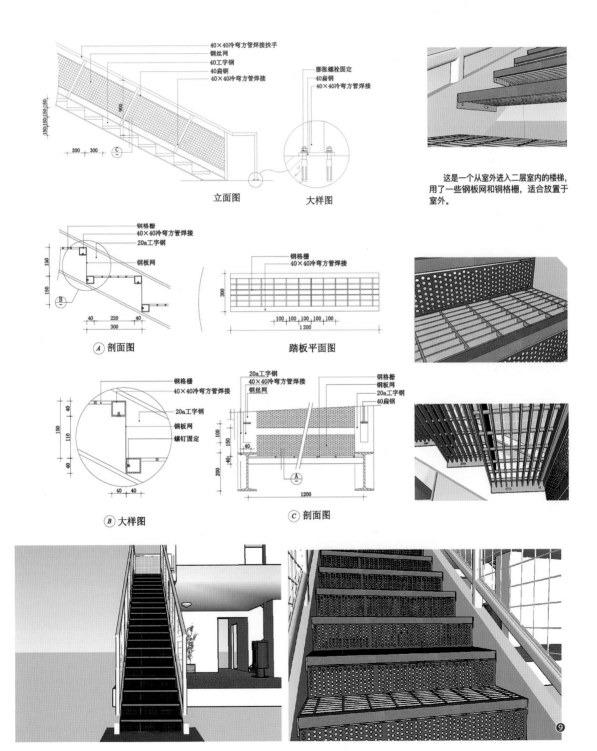

40×40冷弯方管焊接扶手
钢丝网
40工字钢
40扁钢
40×40冷弯方管焊接

膨胀螺栓固定
40扁钢
40×40冷弯方管焊接

立面图　　大样图

这是一个从室外进入二层室内的楼梯，用了一些钢板网和铜格栅，适合放置于室外。

钢格栅
40×40冷弯方管焊接
20a工字钢
钢板网

A 剖面图

钢格栅
40×40冷弯方管焊接

踏板平面图

钢格栅
40×40冷弯方管焊接
20a工字钢
钢板网
螺钉固定

B 大样图

20a工字钢
40×40冷弯方管焊接
钢丝网

钢格栅
钢板网
20a工字钢
40扁钢

C 剖面图

⑨

樓梯構造及細部設計
STAIR STRUCTURE AND DETAIL DESIGN

设计：陈畅
清华大学美术学院
环境艺术设计系 硕士
指导老师：李朝阳

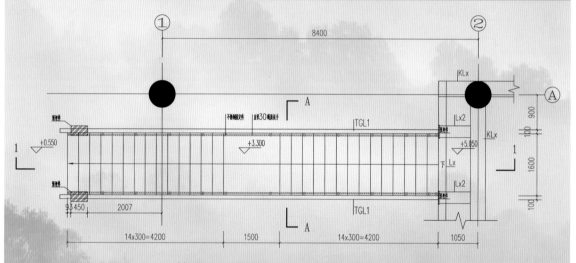

楼梯平面详图（+5.050 米标高）

本设计是为某儿童图书馆设计的公共活动区阶梯。为了创造更丰富的活动空间，释放楼梯的负空间压力，本设计采用了双梁大跨度钢结构设计。

本案设计的重心落在了楼梯负形空间的处理和儿童趣味的营造。以往的楼梯空间功能多是孤立叠加的，而本案尝试使用软质线性材料重塑整体空间，让楼梯踏步面与下方的公共活动区浑然一体。同时，新材料的实验性运用增加了空间的趣味性和亲切感，亦可以在儿童空间中起到温和的保护功能。

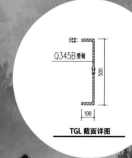

TGL 截面详图

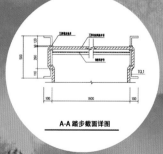

A-A 踏步截面详图

楼梯踏步最小宽度和最大高度（m）

楼梯类别	最小宽度	最大高度
住宅公用楼梯	0.26	0.175
幼儿园・小学	0.26	0.15
影院・剧场・休息室・商场医院・旅馆・大中学校	0.28	0.16
其他建筑	0.26	0.17
专用疏散楼梯	0.25	0.18
服务楼梯・住宅套内楼梯	0.22	0.20

⑩

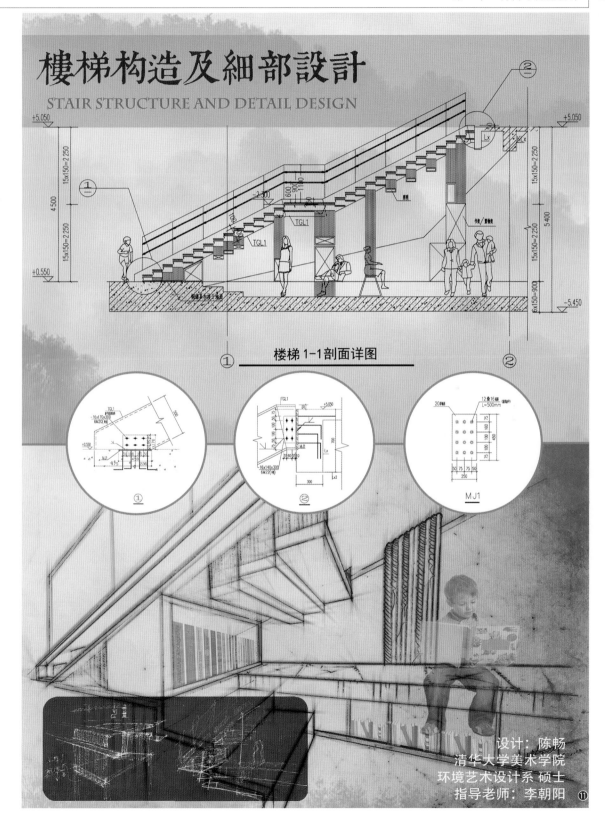

樓梯构造及細部設計
STAIR STRUCTURE AND DETAIL DESIGN

楼梯 1-1 剖面详图

设计：陈畅
清华大学美术学院
环境艺术设计系 硕士
指导老师：李朝阳

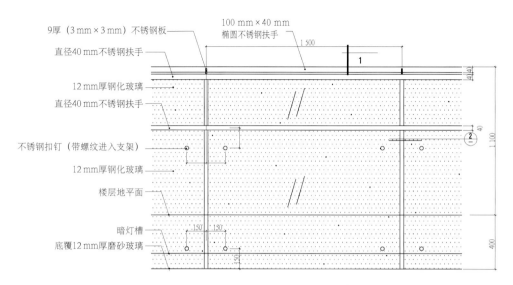

9厚（3 mm×3 mm）不锈钢板
100 mm×40 mm 椭圆不锈钢扶手
直径40 mm不锈钢扶手
1 500
12mm厚钢化玻璃
直径40 mm不锈钢扶手
不锈钢扣钉（带螺纹进入支架）
12mm厚钢化玻璃
楼层地平面
暗灯槽
底覆12mm厚磨砂玻璃

玻璃栏杆立面图1:10

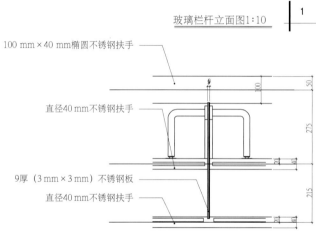

100 mm×40 mm椭圆不锈钢扶手
直径40 mm不锈钢扶手
9厚（3 mm×3 mm）不锈钢板
直径40 mm不锈钢扶手

玻璃栏杆俯视图1:5

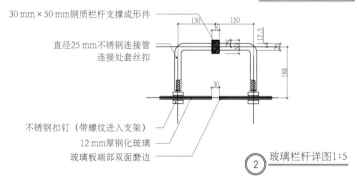

30 mm×50 mm钢质栏杆支撑成形件
直径25 mm不锈钢连接管
连接处套丝扣
不锈钢扣钉（带螺纹进入支架）
12 mm厚钢化玻璃
玻璃板端部双面磨边

玻璃栏杆详图1:5

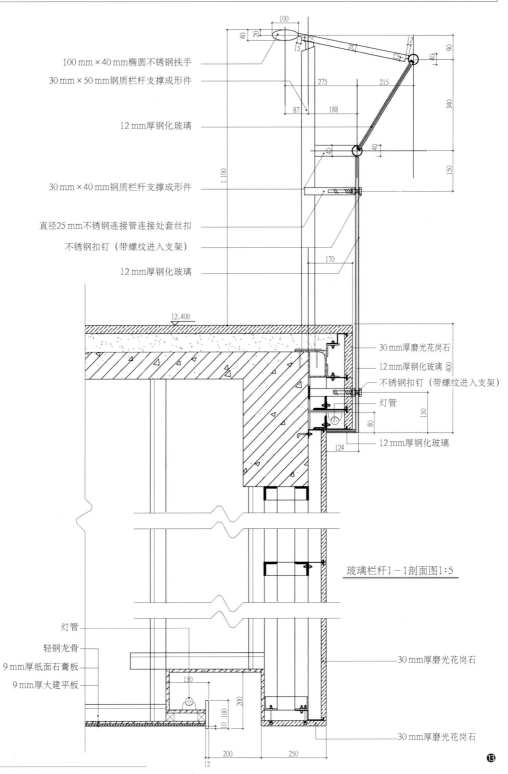

100 mm×40 mm椭圆不锈钢扶手

30 mm×50 mm钢质栏杆支撑成形件

12 mm厚钢化玻璃

30 mm×40 mm钢质栏杆支撑成形件

直径25 mm不锈钢连接管连接处套丝扣

不锈钢扣钉（带螺纹进入支架）

12 mm厚钢化玻璃

12.400

30 mm厚磨光花岗石

12 mm厚钢化玻璃

不锈钢扣钉（带螺纹进入支架）

灯管

12 mm厚钢化玻璃

玻璃栏杆1—1剖面图1:5

灯管

轻钢龙骨

9 mm厚纸面石膏板

9 mm厚大建平板

30 mm厚磨光花岗石

30 mm厚磨光花岗石

图 3-3-5 楼梯及护栏构造处理

图 3-3-5

练习题

1. 选择材料时应主要注意哪些问题?
2. 你认为在选择材料时还存在哪些误区？
3. 构造设计应遵循哪些原则？
4. 何谓混合构造?
5. 请自己设计一个平开木质玻璃门（含门套），门的造型、材质自定。画出其立面图（比例不小于 1 ∶ 20）及横剖面大样（比例不小于 1 ∶ 5），并标注文字及尺寸。
6. 请设计一个酒吧吧台或公司接待台，造型、材质自定。画出其平面、正立面、背立面图（比例不小于 1 ∶ 10）及竖向剖面大样（比例不小于 1 ∶ 10），并标注文字及尺寸。

第4章 材料与施工技术相关知识

学习目标

了解材料的环保、防火等相关技术规范；明晰施工技术的基本程序和要求。

学习重点

熟悉常见的室内装修污染物；了解材料性能的燃烧等级；逐步培养将设计图纸表达的内容准确转化为实际三维空间形象的能力。

学习难点

相关技术要求和规范较为具体、繁杂，需要一定时间培养筛选信息、思辨信息价值的能力；设计图纸细部表达较为抽象，需要用心观察和感悟其在实际空间中的效果。

4.1 相关技术规范和法规

在互联网日益发达的当下，虽然许多知识不需要去储备，只要检索即可，但也要具备信息筛选、思辨信息价值的能力。有些原则性、常识性的知识还是有必要掌控，并谙熟于心的。

4.1.1 材料环保知识

1. 材料的环保概念

材料的环保概念一般有两个层面的理解：一是材料自身的环保性，即材料的内部构成物质不存在危害人类或自然生态环境的成分，不会向外界散发有害物质；二是材料的再生性，即材料能否循环使用的特性。

材料的环保性在某种程度上是可转化的动态概念，同一种材料由于受到内因或外因的作用，在某种状态下是环保的，但在一定状态下可能又是非环保的。以目前最常用的天然材料木材与石材为例，木材本身的植物属性决定了材质的环保性，但大量滥伐森林的短视行为以及加入填充料后改变性质的人造板材，使木材使用的环保性质发生了变化。石材用于建筑外墙与用于室内是两个概念，放射性物质含量的标准成为石材是否环保的界限。

由于材料具有环保逆转特征，因此在强调绿色设计、低碳设计的大环境下，我们一方面期待新型环保材料的不断出现，另一方面要在现有材料的应用中尽可能因地制宜地选用符合环保概念的材料。例如，我们在设计中常用到皮革、羊毛等，在动物皮加工过程中，有时会使用包括甲醛、煤焦油、染料和氰化物等有害物质。为了增加柔软性和耐水性，皮革还要经过鞣制，产生含铬的废料。除此之外，在皮革的生产过程中消耗大量的水和能源，经过鞣制后不能被生物降解，对环境也有很大危害。

显然，当前对材料的有害物质的认识已被人们广泛重视，消费者的维权意识也显著提高。使用含有污染物质的材料无疑会对环境产生极大危害，不仅损害人们的身心健康和权益，更严重影响室内装饰设计行业的信誉。因此，我们必须从设计人员做起，做好材料选样这一重要环节的工作。虽然目前仍没有科学的证据表明，某种致命疾病的产生是室内空气污染造成的，但提前预防空气污染超标比事后追究责任更重要和更有效。

2. 室内常见的装修污染物

目前，室内装修污染物主要有以下几类：甲醛、苯系物（苯、甲苯、二甲苯）、总挥发性有机化合物（TVOC）、游离甲苯二异氰酸酯（TDI）、氡、氨以及可溶性铅、镉、汞、砷等重金属元素。

甲醛是一种无色、易溶的刺激性气体，经呼吸道吸入，可造成肝肺功能、免疫功能下降，主要来源于人造板材、胶黏剂和涂料等，是可疑致癌物；苯系物为无色、具有特殊芳香气味的气体，经皮肤接触和吸收引起中毒，会造成嗜睡、头痛、呕吐，主要来源于油漆稀料、防水涂料、乳胶漆等，也属于可疑致癌物；TVOC是常温下能够挥发成气体的各种有机化合物的统称，主要气体成分有烷、烯、酯、醛等，刺激眼睛和呼吸道，伤害人的肝、肾、大脑和神经系统，主要来源于油漆、乳胶漆等；TDI是具有强烈刺激性气味的有机化合物，对皮肤、眼睛和呼吸道有强烈的刺激作用，长期接触或吸入高浓度的TDI，可引起支气管炎、过敏性哮喘、肺炎、肺水肿等疾病，主要来源于聚氨酯涂料、塑胶跑道；可溶性重金属元素对人体神经、内脏系统会造成危害，尤其对儿童发育影响较大。因此，对含有上述污染物的装饰板材、胶黏剂、油漆等材料，在选材时应充分重视，予以杜绝。

要了解这方面的知识，可参见下列国家有关控制污染物的相关法规：

《室内空气质量标准》（GB/T 18883—2002），控制的是人们在正常活动情况下的室内环境质量，对空气中的物理性、化学性、生物性及放射性指标进行全面控制。

《民用建筑工程室内环境污染控制规范》（GB 50325—2001），控制的是新建、扩建或改建的民用建筑装饰装修工程室内环境质量，主要列出了对氡、游离甲醛、苯、氨、总挥发性有机物5项污染物指标的浓度限制。

2002 年实施的《室内装饰装修材料有害物质限量标准》控制的是造成室内环境污染的 10 种室内装饰装修材料中的有害物质限量。

不可否认，现在市场上还存在虚假环保、概念环保的不健康现象，究其根本，其实都是市场中的欺骗行为和炒作行为，是对消费者和自己产品品质的严重不负责任。只有从最根本的材料入手、从管理入手，进行严格控制、严格把关，才是解决问题的根本途径。

3．理性看待材料的环保

说到这里，有必要重申一点，就是对材料的绿色环保概念应以怎样的态度去理解？如何理解？我们现在是否有些草木皆兵的感觉？目前，石材中所含的放射性元素也是人们关注的问题之一。我们以石材的放射性为例，可以说，自然界中的任何物质都含有放射性元素。就人的躯体而言，它会时时刻刻受到外来射线的辐射，同时人体本身也不断地向外界发出一定数量、能量大小不一的射线。可见，任何石材都含有放射性物质是肯定的，也是正常的。毕竟石材来自自然界，大可不必"谈石色变"。

那么石材中的放射性元素究竟有多少？石材中的放射性元素实际上与构筑我们的生存环境，如居住空间、办公建筑材料，以及生产建筑材料的原料所含的放射性元素的本质是一样的，应该说，均为低剂量辐射，建材的放射性元素不大可能在短期内导致各种癌症的发生。因为人体癌症发生的原因是非常复杂的，石材放射性的危害直接导致不育或发生各种癌症的说法缺乏科学依据。那么放射性超标石材对人体是否会导致危害？如果放射性是高剂量的照射，那么肯定会对人体造成危害，而对于建材产品，石材产生的低剂量辐射导致发生癌症的概率一般为十万分之几，这一危险度不比吸烟、坐汽车、乘飞机等危险度高。总体而言，绝大部分石材品种基本能满足装饰装修的使用，其放射性水平也与一般其他材料相当。当然，有部分品种的石材，其放射性水平与标准要求相比偏高，这与石材取自的矿山有关，这类石材应慎用。因此，我们只要合理地选用石材，就可以避免石材给人体健康带来危害。

同时，还应指出的是，石材放射性的大小不完全是按颜色区分的，主要与取自矿山及其化学构成有关，与石材的颜色并无直接关系。可能以前发现过某类颜色的石材产生的放射性超标，如红色系、棕色系的花岗石，人们就认为该类颜色的石材绝对不能使用，这样就有点儿以偏概全、一叶障目了。在选择、使用石材时，应谨慎对待、认真检测。因此，对于石材的放射性对人体的危害要有正确的、科学的认识，但我们还是要强调执行标准的严肃性，国家强制性标准《室内空气质量标准》是具有法规性的，应严格执行，可以说也是防止石材放射性危害人体的主要措施之一。很难想象，装修材料有害，室内环境恶劣，连这些最基本的原则问题都解决不了，设计还从何谈起？

4.1.2　材料防火要求

我们可以发现，近几年火灾给人、家庭和社会带来的灾难越来越突出，防火问题愈加严峻。因此，作为设计师，在设计选材时，我们更应充分重视材料的防火问题。

按现行国家标准《建筑材料燃烧性能分级方法》，可将装饰材料的燃烧性能分为四个等级：A 为不燃，B1 为难燃，B2 为可燃，B3 为易燃。

按燃烧性能等级规定使用装饰材料时，应注意以下几方面：

① A 级、B1 级、B2 级材料须按材料燃烧性能等级的规定要求，由专业检测机构检测确定，B3 级材料可不进行检测。

② 安装在钢龙骨上的纸面石膏板，可作为 A 级材料使用。

③ 若胶合板表面涂覆一级饰面型防火涂料，可作为 B1 级材料使用。

④ 单位重量小于 300 g/㎡的壁纸，若直接粘贴在 A 级基材上，可作为 B1 级材料使用。

⑤ 若采用不同装饰材料进行分层装饰时，材料的燃烧性能等级均应事先规定要求；复合型装饰材料应由专业检测机构进行整体测试并划分其燃烧等级。

⑥ 经过阻燃处理的各类装饰织物，可作为 B1 级材料使用。

4.1.3　材料市场及施工现场调研

1. 材料市场调研

我们在学习阶段，对于材料的理解可能只是停留在感性认识上，平时对材料也可能只关注其视觉形象、表面效果，而对于材料的深层次的特性，尤其是材料之间的组合搭配以及材料之间的构造关系，也许更容易忽视或者只是一知半解。显然，掌握材料的基本概念和相关知识，对于我们学习室内设计及施工图设计会有很大益处。如何掌握？别无他法，只有多接触材料、多了解材料、多体味材料，才能逐步增加对材料的认识。

随着新型材料的不断涌现，我们应时刻关注材料市场和国外先进技术的变化，掌握不同材料的特性、价格和应用规律。因此，对材料市场和施工现场进行调研，对于学习阶段的我们也不失为一个较为有效的重要环节，应是我们学习设计的基本功之一。

2．施工现场调研

设计师的职责是做好设计工作，结合设计功能要求、技术条件等各因素，充分展现自身的才智。但仅仅做到这一步还不够，若闭门造车、画完图撒手不管，那么不会成为全方位、高水平的设计师，所以要经常深入"基层"，多去施工场地，应该会对自身的业务素质有较大提高。

现将调研内容归纳如下：

① 学习办理设计变更、现场修改及洽商程序。

② 切实感受材料的选择和组合搭配效果。

③ 逐步了解施工工艺及相关技术规范知识。

④ 认真观察如何解决设计与水电空调等设备专业的冲突或协调问题。

⑤ 熟悉隐蔽工程的施工流程、构造及后期验收工作。

⑥ 掌握施工中对设计细部及节点的工艺要求。

⑦ 体会对特定项目的特殊处理、特殊构造的施工技术要求。

⑧ 核对设计的尺寸、造型、色彩、照明及饰面效果的落实情况。

⑨ 总结在施工现场得到的经验、教训，利于今后完善设计工作。

4.1.4　材料的选样

材料的选样在室内工程项目中呈现的是空间界面材料的客观真实效果，对室内设计的最终实施起着先期预定的作用。它既作用于设计者、委托方（或甲方），又作用于工程施工方。作为设计者，应合理地选用材料，并通过合理的构造体系恰当地展现材料在室内空间的独特魅力（见图 4-1-1）。

图 4-1-1

1．材料选样的作用

材料选样的作用具体可概括为以下几个方面：

（1）辅助设计

材料选样作为设计的内容之一，并非在设计完成后才开始考虑，而是在设计过程中，根据设计要求，全面了解材料市场，对材料的特性、色彩及各项技术参数进行分析，以备设计时有的放矢。

（2）辅助概预算

材料的选样与主要材料表、工程概预算所列出的材料项目有明确的对应关系。相对于设计图，材料选样更直观、形象，有助于编制恰当的概预算表及复核。

图 4-1-1　各类材料样板

（3）辅助工程甲方理解设计

材料选样真实、客观，使甲方更容易理解设计的意图，容易感受到预定的真实效果，了解工程的总体材料使用情况，以便对工程造价做出较准确的判断。

（4）作为工程验收的依据之一

（5）作为施工方提供采购及处理饰面效果的示范依据

材料选样必然会受到材料品种、材料产地、材料价格、材料质量及材料厂商等因素的制约，同时，也受到流行时尚的困扰。在一个相对稳定的时间段内，某一类或某一种材料使用得比较多，这就可能成为材料流行的时尚。这种流行实际上是人们的审美能力在室内设计方面的一种体现。一般来讲，材料的使用总是与不同的功能要求和一定的审美概念相关，但是，随着各种新型材料的不断涌现，以及人们的攀比和从众心理，在材料的选样和使用上居然也会泛起阵阵流行的浪潮。就设计者来讲，材料是进行室内装修设计的最基本要素，材料应该依据设计概念的界定进行选样，而并非一定要使用所谓时尚的或者昂贵的材料。

充分展示材料的特质、注重材料与空间的整体关系以及强调材料的绿色环保概念是我们在材料选样方面应坚持的原则。因此，我们应要求材料厂家提供有关材料的技术检测报告，这一环节不可忽视。尤其是那些甲醛、苯、氨等有害物质严重超标的材料，可以说，目前还屡禁不止，确实有必要加大严防力度，不可掉以轻心，哪怕对那些"疑似"有害的材料，也绝不能轻易放过。

2．材料选样的原则

材料的特性、色彩、图案、质地是材料选样的重点，在实际的项目工程中，选择材料要切实把握以下五个原则。

（1）色差

常见的材料样板可能面积过小，并且有时常用白色或其他硬板衬托，这时候就不容易发现材料，尤其是天然材料的色差和纹样的宏观视觉效果。这与实际空间中的色彩运用存在较大差异。

（2）质感

材料的质感涉及功能使用和视觉整体。

（3）光泽

材料的不同光泽影响着空间的视觉效果。

（4）耐久性

材料的耐久性是关系到材料质量的重要因素之一。老化、腐蚀、虫蛀、裂缝等现象都影响其耐久性。

（5）安全性

材料的易燃、有毒等安全问题不可忽视，对材料的绿色环保要求更是当今体现其安全性的重要内容，绝对应引起高度重视。所用材料应符合国家有关建筑装饰装修材料有害物质限量标准的规定，所用材料的燃烧性能应符合现行国家标准《建筑内部装修设计防火规范》（GB 50222—95）和《高层民用建筑设计防火规范》（GB 50045—95）的规定。

4.1.5 装修施工流程

从室内装修工程的角度，目前可分为家装和公装两大类。"家装"实际上是"家庭装修"的简称，侧重于住宅、公寓、别墅等居住空间；而"公装"涉及的一般均为公共空间工程项目，服务对象是大众，如办公空间、购物空间、展览空间、休闲娱乐空间、餐饮空间等。公装项目相对于家装项目而言，面积较大，投资金额较高，涉及的技术要求也较为复杂。

施工技术固然重要，但需要规范、合理的施工流程才能体现施工技术能否有效地落实到位。这里以家装为例来阐述其施工流程，一般包括以下程序：

前期设计→拆改→水电改造→木工→贴砖→刷墙面漆→厨卫吊顶→橱柜安装→木门安装→地板安装→铺贴壁纸→散热器安装→开关插座安装→灯具安装→五金洁具安装→窗帘杆安装→拓荒保洁→家具进场→家电安装→陈设配饰。

施工流程原则上一般可按照自上而下，先顶棚后墙地、由内（隐蔽工程）到外（饰面工程）、先湿后干的流程进行。其中，木工、瓦工、油工三大工种是施工环节的"三兄弟"，它们的基本出场顺序是木—瓦—油，基本是"谁'脏'谁先上"，这也是决定装修施工流程的基本原则之一。其实，木工、瓦工在不影响现场操作时，施工流程的界限不一定那么明确，未必不能同步进行。

4.1.6 施工技术规范

① 室内施工工程必须提前进行设计，并具有完整的正式施工图等设计文件

方可施工。

②　施工单位应具有相应的资质，并应建立质量管理体系和相应的管理制度，有效控制施工现场对周围环境可能造成的污染和危害；施工人员应有相应岗位的资格证书，遵守有关施工安全、劳保、防火、防毒等法律、法规；施工单位应配备必要的安全防护设备、器具和标志等。

③　工程施工必须保证建筑的结构安全，施工中禁止擅自改动建筑主体、承重结构或主要功能；居住空间地面不得铺贴厚度超过 10 mm 以上的石材，不得扩大主体结构上原有门窗洞口，不得拆除连接阳台的砌块、混凝土墙体和其他影响建筑安全的结构；严禁未经设计确认和有关部门批准擅自拆改水、暖、电、燃气、通信及网络设施。

④　工程施工中所用材料应符合设计要求和国家现行标准的防火和环保规定，严禁使用国家明令淘汰的材料；材料的燃烧性能应符合现行国家标准等规定，施工材料须按设计要求进行防火、防腐等技术处理。

⑤　工程施工前应有主要材料的实物样板，或做样板间，并经有关各方确认。

⑥　工程施工前应完成管道、设备等安装及调试。若必须同步进行，应在饰面工程施工前完成，不得影响管线、设备等的使用和维修。

⑦　工程施工中的电器安装应符合设计要求和国家现行标准的规定，严禁未经穿管直接埋设电线。

⑧　施工环境应满足工艺要求。施工环境温度不应低于 5 ℃，若低于此温度时，应采取保证工程质量的有效措施。

⑨　工程的施工质量应符合设计文件的要求和工程质量验收规范的规定。

⑩　工程施工过程中应做好半成品、成品的保护，防止污染和损坏。

⑪　做好工程的验收工作，提前将施工现场清理干净。

4.1.7　电气安装知识

有关电气方面的知识尽管不是室内设计师的强项，但也属于必须了解的知识，应该有一个基本的了解。

①　电器、电料的规格、型号应符合设计要求和国家现行电器产品标准的有关规定。

②　暗线敷设必须配管，若管线长度超过 15 m 或有两个直角弯，则应增设接线盒。

③　同一回路电线应穿入同一根管内，总根数不得超过 8 根。

④　电源线与通信线不得穿入同一根管内。

⑤ 电源线、插座与电视线、插座的水平间距不应小于 500 mm。

⑥ 电线与暖气、热水、煤气管之间的平行距离不应小于 300 mm，交叉距离不应小于 100 mm。

⑦ 穿管的电线的接头应设在接线盒内，接头搭接应牢固，绝缘带包缠应均匀、紧密。

⑧ 安装电源插座时，面向插座的左侧应接零线（N），右侧应接相线（L），中间上方应接保护地线（PE）。

⑨ 原则上，同一室内的电源、电话、电视等插座面板应在同一水平标高上，高差应小于 5 mm。

⑩ 原则上电源插座底边距地面宜为 300 mm，开关面板底边距地面宜为 1 400 mm。

⑪ 厨房、卫浴应安装防溅插座，开关宜安装在门外开启侧的墙体上。

4.1.8 常用材料及设备电气图例

如何较为准确地表达设计创意和空间构造是构造设计的主要环节。通常，空间的细部构造和界面的细部处理最能体现设计能否表达得准确、到位，这也是设计的重点之一。

我们应该认识到，材料、设备、电气是室内设计和构造设计的重点表现对象及专业配合对象，其准确的图纸表现也就显得尤为关键。因此，材料、设备及电气方面规范化的图示表达成为设计表达的一个重要环节。

当然，材料及设备电气图示只是一种较为规范化的表达符号，但目前还不甚规范，因此使用过程中有时还需要通过文字进行标注，使其表达得更加准确、到位。常用材料剖切图例和常用设备及电器图例分别见表 4-1-1 和表 4-1-2。

表 4-1-1 常用材料剖切图例

序号	名称	图例	说明
01	天然石材、人造石材		须有文字注明石材品种和厚度
02	金属		包括各种金属
03	隔音纤维物		包括矿棉、岩棉、麻丝、玻璃棉、木丝棉、纤维板等
04	混凝土		
05	钢筋混凝土		
06	砌块砖		
07	地毯		包括各种地毯
08	细木工板（大芯板）		应注明厚度
09	木夹板		包括 3 mm 厚、5 mm 厚、9 mm 厚、12 mm 厚夹板等
10	石膏板		包括 9.0 mm 厚、12 mm 厚各种纸面石膏板
11	木材		经过加工作为饰面的实木
12	木龙骨		作为隐蔽工程使用，一般应注明规格
13	软包		应注明厚度尺寸及外包材质
14	玻璃或镜面		包括普通玻璃、钢化玻璃、有机玻璃、艺术玻璃、特种玻璃及镜面等
15	基层抹灰		本图例采用较稀的点
16	防水材料		构造层次较多或大比例时，采用此图例
17	饰面砖		包括墙地砖、陶瓷锦砖等。使用比例较大时，可采用此图例

表 4-1-2　常用设备及电气图例

名称	图例	名称	图例
圆形散流器		空调插座	A/C
方形散流器		电话插座	TP
剖面送风口		电视插座	TV
剖面回风口		信息插孔	TD
条形送风口		筒灯	
条形回风口		射灯	
排气扇		轨道射灯	
烟感	S	壁灯	
温感		防水灯	
喷淋		吸顶灯	
扬声器		花式吊灯	
单控开关		单管格栅灯	
双控开关		双管格栅灯	
普通五孔插座		三管格栅灯	
地面插座		暗藏日光灯管	
防水插座		烘手器	

4.2　构造设计的能力培养

4.2.1　三维空间形象与二维图纸的互为转化能力

室内设计的方案阶段完成后，不知如何在二维图纸上表达、贯彻、深化设计意图，图纸完成后对其实施的可行性心里没底，不知画的图能否使用，尤其对节点详图更是感到神秘、恐惧。这些情况在初学阶段都是在所难免的。

我们在学习构造设计时，可能会遇到的较大问题，一是对施工的构造及施工技术了解不多，对一些节点画法不知从何处下笔，缺乏自信心；二是对三维空间与二维图纸表达的相互转化能力有待提高。这两个问题是设计专业学习必须迈过的一道门槛，否则构造设计及绘制很难落到实处。

平面图、立面图、剖面图，甚至透视图等，都是以二维图纸方式来表现三维空间形象的，但是作为设计人员，我们必须始终保持空间思维状态和思维的时空概念。也就是说，我们在画平面图、立面图、剖面图或节点大样的过程中，头脑里要不停地想象二维图纸可能产生的实际空间形象和尺度概念。当然，在学习的初始阶段，对三维空间形象的形成不一定能够马上建立，这既需要理性知识，也需要用心去感悟，同时还需要一点儿灵气。

对平面图的空间想象，主要是基于人处于交通流线各点与功能分区不同位置时的视觉感受。实际上是用平面视线分析的方法来确立正确的空间实体要素定位。实体要素包括围合空间的界面、构件、设备、家具、植物等内容。要考虑人的活动必经的主交通转换点及功能分区中的主要停留点在不同视域方向上的空间形象，确立平面的虚实布局。这种经过空间形象视线分析的平面布局显然具有可行性和科学性，同时也能够达到空间表现的艺术性。

我们在画图的过程中，一定要认识到室内空间时空连续的形象观感的特征，万万不可孤立地、片面地审视某一界面；要培养把各个界面串成一个完整的、清晰的、有机的空间形象的思维能力。

4.2.2 设计表达能力的提高

我们学习材料、构造与施工技术的知识，目的是对室内设计进行更深层次的了解和掌握，而构造与施工技术对室内空间的整体及细腻的细部表达起着相当重要的作用。但是，学习这些知识的最终体现是依靠图纸这种特定的专业语言来准确表达构造处理、表达室内设计的创意。毕竟我们以设计作为自己的谋生手段，如果不会图纸表达或表达得不规范、不到位，那么室内设计如同空中楼阁。

图纸表达主要是细部构造表达。这是一项严谨、理性的工作，需要我们认真对待。图纸表达的重点是细部界面的具体比例关系和交接处理，即节点、大样。掌握了它们的图纸表达方法，会给今后的施工图绘制带来极大的便利。

节点、大样的图纸表达，除应掌握制图知识外，还应重点关注材料剖切图示画法、尺寸关系、材料文字注明以及图面的比例等。有的图面比例过小，根本无法清楚地表达其构造做法，也就失去了其存在的意义。

4.2.3 信息筛选的掌控能力

当今世界已处在知识大爆炸的信息时代，我们所处的生存环境被称为地球村。之所以有如此说法，正是因为科技发展突飞猛进，各种相关信息资料铺天盖地，时刻充斥着我们的生存空间，就连智能手机也能给我们获取知识带来极大的便利。但此时我们的头脑应保持高度的清醒，对于庞杂的信息应有相对理性的判断和认识，不见得任何信息资料都是有价值的，如果把握不好，有时可能还会起到负面作用。

因此，作为一个专业设计师，应能准确地善于发现信息，捕捉有学习价值的专业资料并为自己所用，这已经成为一个合格的设计师所应具备的专业能力和素养。而选取与善用专业知识建立在永无止境的信息积累的基础之上，首先要有大量的素材积累，才可能谈得上有所取舍。不可忽视的是，面对日常生活中司空见惯的"客观存在"，如果从专业的角度来审视，或许会有不少为我们所用的信息，不应视若无睹。

随着我国室内行业的发展，对建筑空间的尊重和再认识日益成为社会关注的重要因素。在这种形势下，室内设计也有了理性发展，逐步从主要对室内固有界面进行封装美化的方式，进一步发展到以尊重原建筑结构并对重点部分进行功能与审美结合的局部装修为特征的方式；注重追求装修工程与建筑空间的性格相协调，并依照一定的比例和尺度关系，使室内界面及材料的构图比例有机地契合于空间整体，反映出一定的文化品位、艺术气质；强调适度装修，强化科学施工，崇尚生态环保，注重统一协调。

本书系统地介绍了材料与施工技术的基础知识、基本原理以及一些相关知识，然而，材料的种类和施工技术是纷繁多样的，要想全面地了解和把握材料与施工技术的基本原理和规律，仅仅依赖课堂学习和书本阅读是远远不够的，更无法通过文字和一些图示面面俱到，还应不断加强作业练习等训练，才能巩固所学知识。同时，还需要在设计实践中通过对材料调研和施工现场实地观察、感受，才能全面提升自身的综合素质和设计能力。因此，这里只能选取重点讲授，强化知识点，阐述一些规律性、普遍性的知识，希望大家从中学会举一反三。

显然，室内设计作为一个系统化、综合性较强的专业门类，涵盖了诸多相关专业学科，技术与艺术、理性与感性共同交织在一起，构成一个较为庞大的专业体系。因此，我们不能回避设计中一些技术性的问题。似乎一沾上技术的边儿，就会与所谓的艺术创造产生冲突，无法调和。其实，技术与艺术结合得特别紧密，很多时候设计创意都是由技术引发的，在一定情况下技术比艺术更具有前卫性。现在很多所谓的前卫性设计，采用的技术手段和处理手法大多相当粗糙，存在诸多不合理因素。显然，设计创意离不开技术的支持。因为在设计的过程中，如果不具备对技术问题的驾驭能力，可能就会无意识地回避很多问题，结果设计作品很难经得起推敲，最后可能连功能问题都解决不了。

由于"材料与施工技术"是一门实践性、综合性颇强的课程，即使我们学习时机械地记住了很多材料品种、空间构造和施工技术，但若没有设计理念作为支撑，也是不可能做好设计的。事实上，一个优秀的设计不一定就惊世骇俗，也不仅仅在于设计师掌握了多少材料，甚至高档材料，而在于能较好地运用和组织材料，在于对材料与形式的协调性、材料与施工技术的协作性，并着重在材料的运用、组合搭配、合理的构造形式以及先进的施工技术方面把握规律，寻求突破，使设计的可行性得以落实、创意得以体现（见图4-2-1～图4-2-6）。

图 4-2-1

图 4-2-1　安藤忠雄的光之教堂很好地诠释了
　　　　　清水混凝土的材料语言，并未使用
　　　　　所谓的奢华材料
图 4-2-2　设备风口与空间界面的有机整合离
　　　　　不开构造与施工技术的组织和协作

图 4-2-2

图 4-2-3

图 4-2-3　普通的红砖作为室内展台，充分承
　　　　　接了材料设计的可持续性

图 4-2-4　卫生间墙面、地面采用了具有自然
　　　　　气息的再生人造材料，体现出室内
　　　　　设计的节制与适度

图 4-2-4

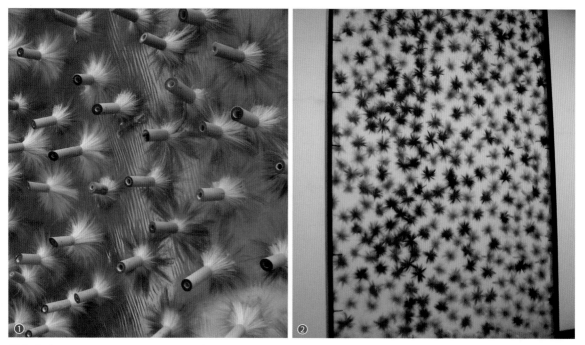

图 4—2—5

图 4—2—6

可见，"材料与施工技术"作为室内设计专业中一门似乎很难吸引人的眼球，学生又无法回避的基础课程，要求学生对材料与施工技术知识的掌握无疑是刚性的，会对室内设计的系统理解和全面掌控起到不可替代的作用。也似乎可以肯定，对材料、构造及施工技术等若缺乏基本的了解和掌握，对材料的环保和防火问题不给予高度重视，也没有一个较为清晰的思维"路线图"，必然会对学生所构想的艺术设计之梦带来一定的障碍。因此，这门课程的重要性也就凸显出来，以期引起我们的充分重视。

图4-2-5 司空见惯的毛笔头与树脂板的组合，衍生出特殊的视觉效果

图4-2-6 由金属丝解读的山水形态令人耳目一新

练习题

1. 如何理解材料的环保概念？
2. 室内装修污染物主要有哪几类？
3. 装饰材料的燃烧性能等级如何划分？
4. 何谓隐蔽工程？
5. 你如何看待本课程在室内设计中的作用？

参考文献

[1] 中国室内装饰协会，郑曙旸 . 室内设计师培训教材 . 北京：中国建筑工业出版社，2009.

[2] 中国建筑学会室内设计分会 . 全国室内建筑师资格考试培训教材 . 北京：中国建筑工业出版社，2003.

[3] 中国建筑工业出版社 . 建筑装饰装修行业最新标准法规汇编 . 北京：中国建筑工业出版社，2002.

[4] 郑曙旸 . 室内设计程序 . 北京：中国建筑工业出版社，1999.

[5] 郑曙旸 . 室内设计思维与方法 . 北京：中国建筑工业出版社，2003.

[6] 李朝阳 . 室内空间设计 .3 版 . 北京：中国建筑工业出版社，2011.

[7] 李朝阳 . 装饰材料与构造 . 合肥：安徽美术出版社，2006.

[8] 李朝阳 . 材质之美：室内材料设计与应用 . 武汉：华中科技大学出版社，2014.

[9] 李朝阳 . 室内外细部构造与施工图设计 .2 版 . 北京：中国建筑工业出版社，2013.

[10] 张先慧 . 国际室内设计年鉴 2010. 天津：天津大学出版社 ,2010.